樱花

无锡园林◉特色花卉丛书

无锡市文化旅游发展集团有限公司 编著

苏州新闻出版集团
古吴轩出版社

图书在版编目（CIP）数据

樱花 / 无锡市文化旅游发展集团有限公司编著. -- 苏州 ：古吴轩出版社，2024. 4
（无锡园林. 特色花卉）
ISBN 978-7-5546-2279-7

Ⅰ. ①樱… Ⅱ. ①无… Ⅲ. ①蔷薇属－观花树木－观赏园艺－无锡 Ⅳ. ①S685.12

中国国家版本馆CIP数据核字(2024)第015986号

责任编辑：鲁林林
见习编辑：刘雨馨
责任校对：戴玉婷
责任照排：朱寅元

书　　名：樱花
编　　著：无锡市文化旅游发展集团有限公司
出版发行：苏州新闻出版集团
古吴轩出版社
地址：苏州市八达街118号苏州新闻大厦30F
电话：0512-65233679　　邮编：215123
出 版 人：王乐飞
印　　刷：无锡市证券印刷有限公司
开　　本：787mm×1092mm　1/16
印　　张：14
字　　数：169千字
版　　次：2024年4月第1版
印　　次：2024年4月第1次印刷
书　　号：ISBN 978-7-5546-2279-7
定　　价：128.00元

《无锡园林·特色花卉丛书》编辑委员会

《樱花》主要编审人员

序

无锡，这座美丽的山水城市，自古以来就以其独特的自然风光和丰富的人文底蕴而闻名于世。在这座半山半水的城市里，樱花如诗如画般盛放，与无锡的文化底蕴相互交织，共同谱写了一曲美丽的篇章。

樱花，早在中国古代就已经被人们所喜爱。它的花瓣轻薄如烟，盛开时犹如雪花飘落，给人以梦幻般的美丽感受。樱花的种植历史可以追溯到秦汉时期，而在唐代，它已经成为宫廷和私家花园的常见品种。

然而，一切在近代发生了变化。无锡作为一座充满活力和创新精神的城市，迎来了工商业的迅猛发展。这一发展为樱花在无锡的复兴奠定了基础。无锡的实业家们开始大量建设园林，引进了大量的花木品种，其中就包括樱花。同时，一批有志之士选择赴日本求学，他们从日本带回的不仅仅是知识，还有樱花的培育技术和鉴赏文化。这两个因素共同作用，为樱花在无锡的种植和发展提供了机遇。

新中国成立后，政府陆续开放近代园林，在植树造林的热潮中，园林把樱花作为鼋头渚的特色植物，开始成片种植并逐渐形成规模。改革开放以来，城市绿化美化中不断加强樱花的种植应用，经过数十年规划建设，形成体系化、多位面的樱花特色风景景观。

樱花不仅为无锡增添了一抹绚丽的色彩，更是打造无锡山水城市的重要元素之一。每当樱花绽放的季节，无锡的街头巷尾都洋溢着浓厚的春意，让市民和游客们流连忘返，也为无锡旅游业的发展注入蓬勃的发展力。

樱花成了无锡文旅行业的重要品牌之一，绚烂盛开的樱花吸引着越来越多的游客慕名而来，为无锡带来了丰厚的经济收益。无锡市文化旅游发展集团有限公司（简称无锡文旅集团）以樱花为媒介，将无锡的太湖山水与樱花的魅力相结合，打造出了一系列精彩纷呈的文化旅游产品，从而让人们深度感受无锡的魅力与底蕴。

樱花不仅仅有较高的观赏性与经济价值，还为无锡的文化交流提供了宝贵的契机。无锡作为一个开放和多元的城市，通过樱花的种植和发展，吸引了来自世界各地的游客和学者。无锡在保护传统文化的同时，也与国际接轨，成了文化交流和友谊的桥梁。这种文化的传承和传播，不仅使无锡更加独具魅力，也为世界打上了无锡的印记。

无锡樱花，是山水城市与花卉的完美结合，无锡的樱花文化也成了城市发展和文旅产业的重要支撑。在无锡，樱花作为一种独特的花卉，不仅为城市增添了自然之美，传承着赓续不断的悠悠文脉，更为无锡建设山水城市、打造旅游城市以及推动无锡文旅行业的发展做出了卓越的贡献。

在这本书中，我们将一同探索樱花的奥秘，感受樱花的美丽与力量，领略无锡山水城市的独特韵味。无锡樱花，将带给您一次难忘的旅程！

无锡市文化旅游发展集团有限公司
党委书记、董事局主席
二〇二三年十二月

目录

无锡园林 · 特色花卉

樱花

春日偶成

周恩来

樱花红陌上，
柳叶绿池边。
燕子声声里，
相思又一年。

一 著名花木——樱花

樱花是非常重要的早春观赏花木，广泛分布于北半球温带与亚热带地区，亚洲、欧洲和北美洲均有分布记录。据统计，全世界樱属植物约120种，其中中国有50余种，主要分布于西部和西南部山区。樱花栽培品种众多，据记载有500多个品种，常见栽培的有300多个品种。

樱花在植物分类中属蔷薇科李属（*Prunus*）、樱亚属（*Subgen. Cerasus*）或樱属（*Cerasus*）。广义的李属最初由林奈（Linnaeus）在1753年所建立，其中包含了樱花、桃、李、梅、杏和稠李等不少著名花木。之后在对李属植物分类的长期研究中，有学者提出了独立的樱属（*Cerasus*）观点。由此常常在各相关的著作中 *Cerasus* 和 *Prunus* 两者都有使用。根据研究，俞德浚、李朝銮教授在《中国植物志》第38卷（1986年）采用了这一观点，将樱亚属从李属中独立组成樱属。所以我们在本书中的学名统一采用 *Cerasus*。

我国历史上关于樱花或樱桃的最早记载可追溯至春秋时期，当时举行祭祀大典，多选用花期早、果实成熟快的樱桃作为祭祀供品。秦汉时期，一些宫苑中已有种植樱桃花供观赏的记载。“樱花”这一名称最早出现于南北朝，自此就有了歌咏樱花的诗文。

从记载看，历史上以观赏为主而种植的樱花，并不如同类的梅花、桃花或其他传统名花，如兰花、荷花、玉兰花等那么普遍。但从古诗古籍中也屡见其形象描述，足以证明古时的一些庭园中也确有栽培（当然其栽培种植的樱花与现在种植的樱花可能会有差异）。随着社会的发展，城市园林绿化建设的需要，种植适应性强和观赏价值大的樱花已愈来愈普遍了。

纵观全球，种植樱花最普遍和园艺水平最高的国家当推日本。虽然日本在历史上因受中国影响，自唐代起曾一度掀起植梅、崇梅风尚，如奈良时代（710—794），说到花，就是指梅花，但到了平安时代（794—1192），种植樱花的风俗渐兴，樱花逐渐成了主角，唱咏樱花的歌比咏梅花的歌多了不少。经江户及明治、大正时代的大量栽培与培育，樱花开始普及到平民百姓中，日趋形成传统的民间风俗。现代日本已形成了众多具有极大观赏价值的樱花品种群，在日本各地种植非常普遍，人们对樱花的欣赏、崇拜已至如醉如痴的程度。每逢花期，万人空巷，踏青赏花，狂欢旦宵。

目前日本的樱花种类和品种十分繁多，据滕木俊雄著《日本的樱》及其增补改定版记载的樱花品种达300多种。日本还有许多古老的樱花植株，如山梨县巨摩郡武川村大

宇山高富相寺院内“高神代樱”的树龄据说已有1800多年，福岛冈林郡三青町“垂枝樱”的树龄也长达780年。日本人习惯把野生的樱花种类统称为“山樱”，并根据不同的性状分成若干的基本种，把自然或人工交配、自然变异，经过选育后栽培的樱花称为“里樱”。按照“里樱”的原意来看，是与“山樱”相反的、乡里间栽植“家”樱的意思。樱花是异花授粉的植物，在自然界中通过不同植株的花粉授精，后代常常因授粉亲本的性状不同而发生变异，这也是樱花品种形成的主要途径，甚至还能形成种间杂交种。通过园艺家的选育，形成了丰富多样的栽培品种群。目前日本大多数栽培樱花品种是由野生樱花杂交而成，其种源形成比较复杂。

在西方，自19世纪（约1822）中国樱花引入英国后，欧美各国相继引进了不少樱花的种类和品种。至今，樱花在欧美各国的栽培种植非常普遍，也选育了不少优良品种。很多植物园、公园和大学校园，如英国的皇家植物园、加拿大温哥华斯坦利公园，甚至在美国华盛顿杰弗逊纪念堂、林肯纪念堂和华盛顿纪念碑及湖畔一带，都种植了日本赠送的樱花，每到4月就有艳丽的花海。

二 无锡樱花简史

无锡是樱花自然分布区域之一，宜兴山区有野生山樱花（*Cerasus serrulata*）自然分布，当地居民有在家门前栽种果树樱桃（*Cerasus pseudoceasus*，当地俗称“樱珠”）的习俗。无锡人在20世纪初就开始栽培种植观赏的樱花，栽培种植应用持续不断，樱花在无锡的园林绿化美化中应用非常普遍，广受市民喜爱。

（一）栽培种植应用

无锡人在园林栽种樱花的历史已逾百年，在20世纪初，无锡梅园就有从日本引种的樱花，据荣德生《乐农自订行年纪事·民国五年丙辰（1916）四十二岁》记载：梅园所种“外国花之贵种，如黄、绿、紫之双台樱花，均当日所加意物色而得者也。”（双台樱花即为重瓣樱花）。

1921年，周寄嵋主持扩建“锡金公花园”（今城中公园）之际，由日本园艺设计师村田、梅田从日本引进20多株樱花，建成公花园22景之“草坡落樱”、“樱花夕照”（后更名“樱丛鸟语”）景观，形成近代无锡最早以樱花为主题的景点。同年，曾留学日本的社会名流秦毓鎏，在福田巷建佚园（今小娄巷历史街区），园中有“朱樱山”一景，而且这朱樱还是他父亲当年手植的。1928年其所撰《佚园记》称：“山半樱桃，先君所手植，花时绯英满枝，璀璨耀日。”但这朱樱不是红樱花，而是红樱桃。20世纪20—30年代，随着一大批工商实业家建造私家园林的兴起，无锡种植樱花的规模开始扩大。

1936年4月17日《锡报》刊载，鼋头渚、太湖别墅、梅园、太湖饭店（原梅园内）、小箕山锦园、蠡园、惠山浜唐氏园等处均有种植樱花，并已形成了很好的景观效果。

1936年10月5日《锡报》文载：纺织同人在太湖别墅内合筑长春桥为园主祝寿，并在堤上夹种樱花，因而成为著名景点“长春花漪”的雏形。

20世纪五六十年代，随着城市园林绿化建设，樱花种植逐步在全市范围内得以发展。鼋头渚长春桥、万浪桥、陈家花园以及锡惠公园映山湖周边、儿童乐园、锡山北部等处的樱花均已成片种植。到20世纪70年代，鼋头渚长春桥列植夹道樱花，太湖佳绝处至二泉桥2公里长干道两侧的樱花已成相当规模。其后樱花的栽培种植应用研究持续不断，在无锡园林景区和城市绿化中应用非常普遍，广受市民喜爱。

20世纪80—90年代，隐秀苑、稻香新村、惠河路、梁溪苑一带种植了颇具规模的樱花林，形成了特色鲜明樱花道路、住宅小区、游园景观。

进入21世纪，樱花在城市绿化中得到更广泛的应用，如新区太科园、新加坡工业园等工业园区，特别是日资企业的厂区内外种植了成片樱花林；在居住区或高校科研区内，如新安街道、芦庄小区等街头小区游园，江南大学、天一中学等校园内，形成了成片樱花林景观。

在拈花湾、三国水浒城、红沙湾无锡太湖植物园、梅园等公园景区，则将樱花花海与园林建筑、湖光山色完美融合；在开放式景区，如蠡湖国家湿地公园、管社山庄景区、环太湖十八湾景区、马山国家度假区、新区中央公园、新州生态园、金匮公园、慧海湾等，大片种植了樱花，为市民提供多处赏樱休闲去处；在机场路、高浪路、干城路、古华山路、山水路、大通路、泰伯大道、独月路、青龙山路等道路沿途形成了壮观的樱花夹道景观；在三阳广场、太湖广场、东林书院、万象城、市老年活动中心、太湖欢乐园、雪浪智慧小镇、市博览馆（图书馆）、尚田生活、花星球、多多花园等广场、文化场馆、商业

综合体、美丽乡村农庄、网红花园等则大量应用樱花营造各具特色的植物景观。

在无锡，樱花应用持续时间最长、规模最大、成绩最显著、影响最广泛的当属太湖鼋头渚风景区。鼋头渚栽种樱花的历史可追溯到20世纪30年代。杨氏园主建园初，对临湖的芦滩曾筑堤加土，建长春桥，此处地势高燥，1936年由“纺织同人在堤上夹种樱花”为园主祝寿，这也是今著名景点“长春花漪”之雏形。杨氏园主1933年《鼋渚艺植录》一书中有记载的樱花中的“单重者中的先花后叶类”应该就是“染井吉野”樱，是目前景区应用最主要的樱花品种。

自20世纪30年代长春桥的樱花景观初成后，60年代种植自太湖佳绝处至中犊山“二泉桥”的沿湖樱花景观带；至70年代，除长春桥外，太湖别墅、万浪桥、陈家花园等处樱花也都颇具规模，初步形成鼋头渚樱花特色景观。

20世纪80年代，中日建交后中日两国政府与民间交流逐步增强，旅游业作为无锡市支柱产业之一，外向型经济发展，新区日资高地的逐步建成发展，推动了樱花在无锡地区的发展。

1983年11月中旬，日本映像记录中心护送樱花小组牛山纯一社长一行4人访锡，赠送樱花苗600株，以染井吉野品种为主。1986年，日本映像记录中心赠送的樱花经培育后种植于鼋头渚湖山路两侧，形成壮观的樱花路景观。

1985年倡议、1987年底启动的“中日樱花友谊林”建设工程，在对鼋头渚风景区鹿顶山南麓一块三面环山、西面临湖的开敞区域进行地形改造，当年植樱1500株，并建“友谊亭”；以日本重瓣晚樱为主，群植、丛植、孤植，形成赏樱区，此后又筑长达800余米的“赏樱步道”通往“充山隐秀”（原陈家花园），至1988年2月底，建成国内首个樱花专类园。

1993年，立“中日樱花友谊林”巨型刻石；2001年秋，由耿树云、陆鸿鸣等在鹿顶山景区山路及山林中间植樱花，将樱花规模扩展到鼋头渚漕湾区域。2002年4月，由吴惠良牵头主持，对樱花林实施改扩建工程，整理地形，疏通水系，扩大染井吉野的种植规模，新建由李正设计的“赏樱楼”，林内有关山、普贤像、松月等日本重瓣晚樱及染井吉野等早樱几千株，面积达到150亩左右，形成了今天的“中日樱花友谊林”的壮观花海。

2009年至2010年3月，由常荣初、孙美萍主持，在鹿顶山西侧山麓，营建鼋头渚樱花谷，由无锡园林规划设计院设计，无锡锡惠园林景观公司完成施工。

鼋头渚几经扩建，打造了20余公顷的山水樱花花海特色景观，赏樱区域不断扩展，樱花景观已从最初的“长春花漪”景点，扩展至樱花谷、樱花友谊林（人杰苑）、赏樱楼、充山隐秀、水景苑、十里芳径（堤）、鼋渚路、湖山路、万浪桥至澄澜堂沿湖、漕湾及鹿顶山景区山路等处。太湖鼋头渚山水樱花赏樱区域面积达60余公顷，种植百余种樱花，共三万多株。

随着樱花景观的营造和“中日樱花友谊林”交流活动的持续开展，鼋头渚以樱花为主题，开展特色花卉旅游节庆活动。20世纪90年代鼋头渚从赏樱赏兰游活动，逐步发展至2003年举办首届樱花节并每年举办一次。

2008年12月，鼋头渚犊山村旧址山地改建成樱花谷后，围绕樱花建设战略规划，以将鼋头渚打造成“世界著名赏樱胜地”为目标，发展樱花特色旅游及文化业态。

2012年，太湖鼋头渚风景区举办首届“太湖鼋头渚国际樱花节”，至今已连续举办13届；2014年无锡市市外办和市友协牵头举办国际赏樱周，有多项以樱花为主题的花事活动和国际交流活动，以及“樱花马”等国内、国际体育赛事，引爆了春季樱花花海旅游热潮，赏樱人接踵而至，社会效益与经济效益显著提升。

目前，太湖鼋头渚风景区已成功建设世界著名的山水樱花园，成为世界三大最著名的赏樱胜地之一，吸引着海内外游客慕名而至，花季游人如织，朝赏、日赏、暮赏、夜赏山水樱花，呈现独具浪漫情调的沉浸式旅游场景。

无锡的水土和气候条件很适合樱花的培育生长，时至今日，樱花已成本地树种，大量用于无锡山水城市建设中，形成了一座快被樱花海“淹没”的美丽樱花之城。阳春三月，全城樱花烂漫，行走在无锡的公园里、道路上、校园内、乡村里，随处可见盛开的樱花。樱花季，“夜赏樱花”全沉浸式体验旅游品牌拉动全城夜经济，鼋头渚周边酒店一床难求，“樱花马”成为最受欢迎的体育赛事，山水樱花已然成为无锡对外宣传的一张独具魅力的名片，鼋头渚已成为无锡对世界展示太湖山水靓丽、唯美、浪漫的窗口。

（二）引种和科研

无锡园林人在栽植应用樱花的同时，在科研上也取得了很大的成绩。特别是鼋头渚风景区管理处，数十年来积极进行樱花的引种驯化，培育适合本地气候条件的樱花品种。

1956 年，市园林处从庐山引进 3 斤山樱花种子，所育苗木由园林部门统一调度，同时为建设锡惠公园百花园专门引进福建山樱花。20 世纪 70 年代，鼋头渚薛达荣成功高位嫁接染井吉野和福建山樱花，公园自建小型苗圃专门培育。

1988 年，鼋头渚郃秉左等引进毛樱桃、高盆樱和冬樱花，其中原产云南的高盆樱和冬樱花因发芽较早，冻害较为严重。1995 年，鼋头渚郃秉左等引种大叶早樱、华中樱等国产野生种，现应用于景观布置，生长良好。1999 年，园林局郃秉左等人从荷兰引进十月樱、福花早樱、寒山山樱、垂枝山樱、白妙、银河、太白等 15 个园艺栽培品种和豆樱、高岭樱、重瓣甜樱等原生种，以及刺樱、野黑樱、桂樱、稠李等植物。上述大部分种类生长良好，成苗布置于鼋头渚樱花谷及樱花林，种源保存在漕湾。

2000 年，鼋头渚耿树云从安徽舒城县引进樱桃果树 2 株，用于观赏和鸟宿植物之用；2001 年底，又引进中国原生种迎春樱种子及部分野生种苗，经驯化观察，发现其花期较早，有较好的应用前景。此后鼋头渚风景区又陆续从日本引进椿寒樱、阳光樱等。

2012 年 3 月，沈明等人从苏州引种大规格椿寒樱 120 株，种植于樱花谷、漕湾、水景苑等处。2013 年 10 月，孙美萍、沈明、丁国强等人从上海引种河津樱、大寒樱、大渔樱、寒樱、修善寺寒樱等早樱品种为主的 38 个日本栽培品种樱花，种植在充山大门入口广场、樱花谷、十里芳径、充山隐秀、水景苑等区域，使风景区早樱数量达一定规模，次年 3 月樱花季整体花期提前 20 天左右，央视首次报道鼋头渚早樱盛况。

2019 年 12 月，顾诩、丁国强等人引进牡丹樱等品种，2022、2024 年鲍坚强、周国柱等人引种飞寒樱、红绯衣等品种，分布种植于充山隐秀和十里芳径。

1985 年，由市园林局王锡民等完成《无锡樱花品种初查报告》，并在《江苏园林》杂志发表，文中

记载了无锡的樱花品种30多个，并就中国开展樱花研究和应用进行了探讨。2001年4月，郐文祥、郐秉左在《花木盆景》杂志发表《樱花类植物值得进一步开发利用》，对世界各地的樱花，特别是日本的资源、品种分类、育种应用等作了介绍，建议国内应加大对樱花的开发和应用。2002年，郐秉左在《中国花卉盆景》第5期上发表《樱花常见种、品种及其管理要点》一文，介绍了我国常见的樱花品种和栽培管理，其中关于樱花栽培的择地条件、修剪、忌连作、异花授粉特性的应用具有较强的指导意义。2004年2月，郐秉左和南京林业大学陈金林在《江苏林业科技》第31卷第1期发表的《无锡地区樱花类植物的引种及应用研究》获得江苏第二届园艺博览会科技论文一等奖。

2007年11月，南京林业大学王贤荣、鼋头渚孙美萍和徐大鹏等人对无锡的樱花进行了调查研究，对以前发表的品种进行了整理，共确定观赏樱花11个原生种(变种)，21个品种，并发现3个新品种，对现有樱花编制了分类检索表，并对新品种进行了形态描述，并和相近品种进行了对比分析，制定了一套适合于樱花品种调查的三级分类标准，研究成果《无锡樱花种与品种资源分类研究》发表于《南京林业大学学报》2007年第31卷第6期。继后南京林业大学的研究生时玉娣、伊贤贵、张杰等，均到鼋头渚及无锡其他地区开展樱花调查研究，并完成一批科研成果。

无锡园林、文旅集团科技人员在长期的樱花引种、驯化、栽培、应用、养护管理过程中，不断探索研究樱花的各项养护栽培技术，取得了丰硕的成果。除常规技术外，还利用高位嫁接、高枝压条、扦插等技术繁殖樱花，在根癌病小苗期处理，伤口防腐剂的研制使用，日常栽培和养护技术、病虫害的防治，园林景观营造与维护，樱花物候期观察、花期预测及催花技术等方面，积累了丰富的生产实践经验，为开展樱花在国内的引种、驯化和应用起到了示范效应。

（三）苗木生产

1930 年，在吴塘门孙静庵的园艺场中，其中有日本晚樱类各色樱花苗木；兄弟医院的朱氏昆仲曾将樱花同梅桩一样进行盆栽。

1962 年起，园林部门要求自行培育樱花苗木，将樱花作为名贵苗木进行甲级管理。

20 世纪 70 年代中期，鼋头渚自建小型苗圃专门培育染井吉野与福建山樱。

1993 年，鼋头渚与马山苗圃合作，定向培养樱花苗，主要为染井吉野。虽然马山苗圃地下水位高，且土层薄，苗木生长缓慢，但移植成活率极高。马山苗圃的樱花苗木被用于鼋头渚等公园景区及城市绿化，广西园林系统亦慕名前来购买。

1999 年，太湖鼋头渚风景区与苏州光福苗圃合作，专门为樱林完善改建培养苗木。以山樱花为砧木，嫁接培养染井吉野、福建山樱花等，几经改良后，苗木生长茁壮迅速。同年 3 月，鼋头渚曾在漕湾、充山开辟小型苗圃 15 亩，专门用于开展对樱花引种、驯化、栽培、应用的研究。后于 2001 年冬，在宝界村另辟苗圃 50 亩，定向培养风景区专类园建设用苗。

进入 21 世纪后，无锡市还有不少苗圃生产各种规格的樱花工程用苗木。

2011 年 10 月，无锡市锡惠园林景观有限公司以鼋头渚风景区特色樱花为载体，在溧阳市上兴镇兴建了江苏省首个樱花繁育示范基地，进行品种樱花的种植与繁育，基地占地 520 亩，收集和扩繁樱花品种近 60 个，主流品种有迎春樱、椿寒樱、尾叶樱、阳光樱、染井吉野等。与南京林业大学、扬州大学、苏州农业职业技术学院、无锡市市政和园林局、无锡市公园景区管理处等科研院所和企事业单位合作，开展多项合作，科研成果显著，所倡导的不同花期合理配植、延长赏花期的理念目前已深入人心，得到园林界同行的一致认可。

三　无锡常见樱花品种

每年报春的梅花凋零之时，正是无锡樱花次第开放之日。樱花树姿洒脱舒展，盛开时如玉树琼花，堆云叠雪，蔚为壮观；春日融融，落英缤纷，让人充分领略春的神韵。在太湖湖畔、樱花谷间、公园道路，樱花齐放，花团锦簇，引人入胜，满城樱花此起彼伏，人如海、花如潮，由众多的樱花品种组成了一幅绚丽的江南春景图画。

20 世纪 80 年代中期始，鼋头渚风景区先后承担了省、市建设系统的科研项目，在国内率先开展樱花种类和品种资源的调查、应用分析及引种和驯化等一系列研究工作。通过长期努力，景区内樱花种质资源丰富，有中国原生种迎春樱、钟花樱、山樱、毛山樱、华中樱、尾叶樱、崖樱、毛樱桃、樱桃、大叶早樱等，及寒绯樱、寒樱、东京樱花、日本晚樱、大岛樱、豆樱和重瓣甜樱等种类的园艺品种近百个。其数量之众多，类型之丰富，在海内外属一流水平。

迎春樱

Cerasus discoidea

树形舒展且多样，树皮灰白色，枝条纤细，姿态优美。幼叶红紫色，先花后叶，稀花叶同放；花型变异多，花姿下垂，伞形花序，有花 2~3 朵，常 2 朵，花瓣 5 枚，淡粉红色，花径 2.5~3cm；萼筒管状钟形，红色微隆，萼片卵状三角形，少反转；花柱与雄蕊近等高或稍高于雄蕊。

为中国原生种，又名杭州早樱；因花期较早、迎春放花而得名，它枝条纤细柔弱，花量繁密，是华东地区最早开花的野生樱花。无锡地区花期为 2 月下旬至 3 月上旬。

樱桃

Cerasus pseudocerasus

杯状树形，树皮灰白色。幼叶红棕色，先花后叶；伞形花序，有花3~4朵，花瓣5枚，花蕾期呈粉红色，总梗极短，开花密集，簇生，具有浓郁芳香，盛开时近白色；花径2~2.5cm；总苞倒卵状椭圆形，边具腺齿；花梗被疏柔毛；萼筒钟状，萼裂片卵圆三角形，都被疏柔毛；花柱无毛，与雄蕊近等高或稍高于雄蕊。

为中国原生种，在我国分布广，朝鲜、日本也有。各地多有栽培，江苏无锡也有栽种樱桃之习俗，俗称“樱珠”，其果香甜，可食及酿酒。无锡地区花期为2月下旬至3月上旬。

华中樱

Cerasus conradinae

宽卵状树形。幼叶红棕色，先花后叶；伞形花序，花瓣5枚，白色或淡粉红色，卵形或倒卵形，花径2~3cm；萼片卵状三角形，紫红色或淡紫红色，无毛，具香味；花柱无毛，比雄蕊低或稍高。

为中国特有原生种，分布于我国长江以南各省的亚热带地区。华中樱花量大，开花时云蒸霞蔚，美不胜收，是早春观花木本植物的重要组成部分。除观赏外，华中樱因其较高的嫁接亲和性和良好的适应性，常被用作其他观赏樱属植物的砧木。无锡地区花期为3月中旬。

尾叶樱

Cerasus dielsiana

宽卵状树形。幼叶棕绿色，先花后叶；伞形花序，有花3~6朵，花径约2cm，花瓣5枚，白色至粉色，花瓣开展；总苞褐色，长椭圆形，苞片卵圆形，边缘撕裂状，有长柄腺体；萼筒钟状，萼片椭圆披针形，长约为萼筒的两倍；花柱高于雄蕊。花梗、萼筒、萼片均被黄褐色长柔毛。

为中国原生种。无锡地区花期为3月上中旬，早于染井吉野5~7天，在无锡城市绿地有应用。

大叶早樱

Cerasus subhirtella

小乔木，树形开展。幼叶棕黄绿色，先花后叶；伞形花序，有花 3~4 朵，花径 1.5~2cm，花瓣 5 枚，近纯白，水平开展；总苞片和苞片早落，外部密被伏毛；萼片披针形，萼筒、萼片及花梗皆被毛，花柱与雄蕊近等高。结实较多，熟时黑紫色。

为中国原生种，原产于我国江苏、浙江、安徽、江西、四川、湖北等省，以及日本、朝鲜等地。无锡地区花期为 3 月中旬。鼋头渚风景区现有无锡地区树龄最大的一株，为大叶早樱的垂枝品种‘Pendula’。

钟花樱

Cerasus campanulata

广卵状树形。幼叶棕绿色，先花后叶；伞形花序，有花 2~4 朵，花下垂，呈半开状，花径 2~2.5cm，花瓣 5 枚，绯红色；总苞片长椭圆形，苞片红褐色，稀绿褐色；萼裂片先端凹缺，稀全缘，绯红色；花柱无毛，与雄蕊近等高。

为中国原生种，又称"寒绯樱""福建山樱花"，自然分布于我国的浙江、福建、广东、广西、台湾等东南沿海地区，以及日本、越南等地。钟花樱因其萼筒钟状、花钟状开放而得名，日本现行许多红色樱花品种就是由其选育而来。无锡在 20 世纪 50 年代就开始引进栽培，园林观赏效果极佳。现鼋头渚风景区内江南兰苑树龄最大的一株钟花樱约 50 年，属珍品。无锡地区花期为 3 月上中旬。

八重寒绯樱

Cerasus campanulata 'Kankizakura—plena'

伞状树形。幼叶绿色，先花后叶；花瓣 12~20 枚，下垂，花径 2.5~3cm，深红色，不完全展开，呈半开放状态；萼片椭圆形，全缘无毛；花柱与雄蕊近等高。

为钟花樱系的传统重瓣品种，又名牡丹樱。无锡地区花期为 3 月中旬。

飞寒樱

Cerasus campanulata ‘Ryukyu—hizakura’

宽卵状树形，枝条斜向上伸展。幼叶黄绿色，先花后叶；伞形花序，有花 2~4 朵；总苞片倒卵状椭圆形，紫红色，外侧先端被稀疏柔毛；苞片狭扇形，红绿色，先端有齿腺体；花瓣 5 枚，淡紫红色，椭圆形，花径约 4cm；萼裂片全缘无毛，花开时反折；花柱与雄蕊近高，无毛。

为钟花樱系的新优园艺品种，因其花瓣基部分离成飞舞状而被命名为飞寒樱。无锡地区花期为 3 月中旬，早于染井吉野 7 天左右，花色艳丽，盛开时极为壮观。

椿寒樱

Cerasus 'Introrsa'

宽卵状树形。幼叶红棕色，先花后叶；伞形花序，有花 4~6 朵，花瓣 5 枚，深玫红色，花瓣平展，花径约 2cm；萼筒酒杯状，少毛，与萼片同长，萼片卵状三角形，全缘；花柱与雄蕊近等高，具香水味。

为钟花樱与樱桃的杂交品种，又名“初美人”，花粉色而带香，开花时着花量大，花繁簇枝如樱桃，远望极为美观。无锡地区花期为 2 月下旬至 3 月上旬，期间无锡偶有“倒春寒”，开花易受霜降冻害影响其观赏。

寒樱

Cerasus × kanzakura 'Praecox'

伞状树形。幼叶红紫色至褐色，先花后叶；伞形花序，有花 2~3 朵，花瓣 5 枚，粉红色，花瓣平展，花径约 2.5cm；萼片卵状三角形，花梗、萼片无毛；花柱稍低于雄蕊。

为钟花樱与山樱的杂交园艺栽培品种，因在寒冷季节开放而得名。花期非常早，几乎与梅花同期开放。无锡地区花期为 2 月中下旬，为无锡地区最早盛开的樱花品种，寒樱的盛放拉开了无锡赏樱的序幕。

河津樱

Cerasus × *kanzakura* 'Kawazu—zakura'

伞状树形。幼叶绿色，先花后叶；伞房花序，有花 4~5 朵，花蕾深紫红色，花瓣 5 枚，淡红紫色，花径约 3cm，花瓣平展；萼片长卵形，无毛；花柱与雄蕊近等高。

河津樱是日本于 1955 年发现野生状态的原生植株，之后被移植到静冈县贺茂郡河津町（在伊豆半岛顶端的石廊崎也有种植），常被认为是钟花樱与花期较早的大岛樱的自然杂交种。由于其树形高大、树姿优美，花朵大且花色明艳亮丽、花期早等特性，深受人们喜爱。近年来无锡引种种植较为普遍，无锡地区花期为 2 月下旬至 3 月上旬，赏花期长。

大寒樱

Cerasus × *kanzakura* 'Oh—kanzakura'

伞状树形，枝条先端枝皮皱褶，枝条横向伸展。幼叶黄绿色，先端红褐色，先花后叶；花略下垂，伞形花序，有花 2~4 朵，花瓣 5 枚，淡红色，广卵形至圆形，内弯呈拱形，先端啮齿状，花径约 3cm；总苞外面先端有短毛，苞片较小；萼片卵状长椭圆形，全缘；花柱与雄蕊近等高。

钟花樱与早咲大岛樱的杂交品种，角田春彦培育的热海系寒冷季节开放的樱花品种，比染井吉野还早一周开放，早春开花，花色艳丽。无锡地区花期为 3 月上旬。

修善寺寒樱

Cerasus × *kanzakura* ‘Rubescens’

伞状树形，枝条斜上伸展。幼叶黄绿色，近于花叶同放；伞形花序，有花3~4朵，花瓣5枚，淡紫红色，花瓣有时不完全开展，花径约3cm；苞片倒卵状钥匙形，边缘芒状锯齿；萼筒钟形，紫红色，萼裂片卵状披针形，全缘，边有缘毛；花柱无毛，稍低于雄蕊。

由钟花樱和大岛樱杂交而来，为日本育种专家角田春彦培育的热海系寒春时节开放的樱花品种，因最先在著名寺庙和温泉胜地的伊豆半岛静冈县热海市修善寺种植而得名。无锡地区花期为3月上旬。

大渔樱

Cerasus × *kanzakura* 'Tairyo—zakura'

伞状树形。幼叶黄绿色，先花后叶；总状花序，有花 2~3 朵；花瓣 5 枚，有旗瓣，广卵状，先端凹缺呈啮齿状，粉红色，开花时特别吸引蜜蜂采蜜，花径约 4cm；萼片长卵状三角形，全缘；花柱稍低于雄蕊。

为大岛樱与寒樱的杂交品种，由日本育种专家角田春彦在热海市营下多贺农场选育而出，因花有旗瓣以及与鲷鱼同色而得名。鲷鱼在日语中的发音与“可喜可贺”相似，因而被视为吉祥之物，是结婚、典礼上必不可少的食物之一。更为巧合的是，每到早春大渔樱开放的时节，鲷鱼因受强烈海潮的影响，会漂浮到海面上形成渔汛，因此，大渔樱的开放也就成了早春鲷鱼丰收的吉兆。无锡地区花期为 3 月中旬。

才力樱
Cerasus ‘Okame’

落叶灌木，枝条斜上生长。幼叶绿色，先花后叶；伞形花序，有花2~3朵，花钟形，向下开放，花瓣5枚，红紫色，平展，花径约1.5cm；花柱高于雄蕊。

为钟花樱和豆樱杂交的品种，又名美人樱、阿龟樱，1947年由英国樱花研究学者Ingram育成。与豆樱一样，花瓣较小、花朵下垂，生长成熟后树高约3m左右，可在小庭院中栽培。无锡地区花期为3月中旬。

阳光樱

Cerasus ‘Youko’

卵状树形。幼叶棕黄绿色，先花后叶；伞房花序，有花 3 朵，花下垂，花瓣 5 枚，淡紫红色，花径约 4.5cm；萼裂片长椭圆状披针形，全缘，无毛；花柱低于雄蕊。

是钟花樱与天城吉野樱杂交品种，花繁密、色浓，其名“阳光”有象征和平、“给大地带来恩惠的太阳”之意。日本也常以此樱作为国礼赠送，代表友谊、和平。无锡地区花期为 3 月中旬，比染井吉野略早。

江户彼岸

Cerasus spachiana

伞形树形。幼叶棕绿色，先花后叶；伞形花序，有花2~5朵，花瓣5枚，花瓣从淡红色到粉白色，瓣型圆润，盛开后，花瓣平展，花径约2cm；萼裂片长椭圆形；花柱与雄蕊等高或近等高。果熟时黑色。

原产于日本东北到九州及朝鲜半岛南部、济州岛，我国中南部和台湾省等山地均有自然分布。因古代江户（东京）地区栽培较多，在“春彼岸（春分前后各3天，共7天）”开放，而称“江户彼岸”。无锡地区花期为3月中下旬，花期略早于染井吉野。

小松乙女

Cerasus subhirtella 'Komatsu—otome'

伞形树形。一年生枝条略扭曲，枝芽均细长；幼叶绿色，先花后叶；总状花序，有花5~6朵，花瓣5枚，浅白色，花径约3cm；萼筒管状被毛，萼裂片三角形，有疏齿，肿大，被毛，长势中等；花柱与雄蕊等高或近等高。

为原产于日本的古老栽培品种，是江户彼岸的选育品种，因原植在上野公园的小松宫铜像附近而得名。无锡地区花期为3月中下旬。

红枝垂

Cerasus subhirtella 'Pendula Rosea'

枝条下垂如柳。幼叶绿色，先花后叶；伞形花序，有花 3 朵，花径约 2cm，淡紫红色，花瓣平展略呈钟形，花瓣 5 枚；萼裂片披针形，边有锯齿；花柱高于雄蕊，花梗、萼筒、萼裂片及花柱基部均被毛。

原产于日本，为垂枝型的红花品种，具有很久的栽培历史。无锡地区花期为 3 月中旬。

八重红枝垂

Cerasus subhirtella 'Plena Rosea'

枝条细长下垂。幼叶棕绿色，先花后叶；伞形花序，有花 3~4 朵，花瓣 10~20 枚，淡红色，花径 1.5~2.6cm；总苞片的外部先端被柔毛，早落；萼片卵状三角形，雌蕊 1~2 枚，花柱明显高于雄蕊。

为重瓣的垂枝型红花品种，又因日本明治时代仙台市长远藤庸治在仙台市内种植而称“远藤樱”，与红枝垂相似，只是花朵淡红色，且为重瓣，花开时极为壮观。无锡地区花期为 3 月下旬，鼋头渚风景区、金匮公园以及私家庭院均有应用。

小彼岸

Cerasus subhirtella 'Suzuki'

杯状树形。树枝分叉细密，幼叶黄绿色，先花后叶；伞房花序，有花 2~4 朵，花瓣 5 枚，花朵娇小，花开茂盛，开花后略下垂，粉白色，花径约 2cm；萼片三角形，近基部有少量锯齿；花柱高于雄蕊。

原产于日本，是彼岸系的杂交品种，因树形矮小而得名。无锡地区花期为 3 月中下旬。

福花早樱

Cerasus subhirtella 'Fukubana'

伞形树形。幼叶黄绿色，花叶同放；伞形花序，有花3朵（少2~4朵），花瓣5~8枚，淡紫红色，花瓣斜展，花径约2.3cm；萼裂片三角形，全缘或有稀锯齿；花柱高于雄蕊。

该品种株型紧凑，枝条纤细，花朵粉红而小巧繁密，花色由里往外、由深入浅的渐变，有极强的观赏性。无锡地区花期为3月中旬。

越之彼岸

Cerasus subhirtella 'Koshiensis'

杯状树形。幼叶绿色，先花后叶；伞形花序，有花 2~4 朵；花瓣 5 枚，淡粉色，花径约 3cm；萼片三角形，有锯齿，被毛；花柱低于雄蕊，基部被斜向上柔毛。

原产于日本，为大叶早樱与大山樱杂交的园艺栽培品种。无锡地区花期为 3 月中下旬。

八重红彼岸

Cerasus subhirtella 'Yaebeni—higan'

卵状树形，枝条斜向上伸展成近扫帚形。幼叶红棕色，先花后叶或近于花叶同放；伞形花序，有花 2~4 朵，花瓣 8~20 枚，花淡紫红色，平展，花径 2.8~3.1cm；总苞片外部先端有毛；萼片三角形卵状，全缘，雌蕊通常 2 枚，花柱高于雄蕊。

原产于日本，是在小彼岸中选育的红色重瓣品种。无锡地区花期为 3 月下旬。

十月樱

Cerasus subhirtella 'Autumnalis'

伞状树形，枝条纤细，成片状展。幼叶浅褐色，先花后叶；伞形花序，有花 3~4 朵，花瓣 12~20 枚，粉色，花径 2~3cm；总苞片外部侧上端及内侧有毛；萼片长卵状三角形，上半部有锯齿，被稀疏柔毛；花柱 1 个，高于雄蕊。

为大叶早樱与其他樱花的杂交种，因春秋二次放花而得名。无锡地区花期为 9 月至翌年 4 月，春秋两季盛花，以春季花量为最大。

思川

Cerasus subhirtella 'Omoigawa'

伞形树形，树枝向横向伸展。幼叶黄绿色，先花后叶；伞形花序，有花 4~5 朵，花瓣 8~12 枚，淡红色，花径 2~3cm；花梗较长，花下垂；萼片卵状三角形，边缘锯齿，有毛；雌蕊显著高于雄蕊，花梗密生短毛。

原产于日本，是十月樱实生苗中选育出的园艺品种，以寺院下流淌的河流命名为“思川”。无锡地区花期为 3 月中下旬。

奖章樱

Cerasus subhirtella 'Accolade'

伞状树形。幼叶浅褐色，近先花后叶；伞形花序，有花2~3朵，花瓣12~16枚，粉红色，花径约3.5cm；萼筒钟形，萼片长卵状三角形；花柱1个，明显高于雄蕊。

为原产于中国云南的园艺栽培品种，因花形似一枚枚的圆形奖章而得名，双季开花。无锡地区花期为4月和10月。

东京樱花

Cerasus × yedoensis

树干高大，伞状树形，枝条开展。叶背脉上及叶柄有毛，叶缘齿尖，苞片及叶柄有腺体；先花后叶；伞形或伞形总状花序，有花3~5朵，常为单瓣5枚，花白色或淡粉红色，花径3cm；花梗长约2cm，萼筒管状，花梗、花萼筒、萼裂片及叶柄均密被柔毛，萼裂片边缘有锯齿。

又称日本樱花、江户樱花。原产于日本，为江户彼岸樱与大岛樱的自然杂交种。我国很早引种，目前广泛栽培种植的樱花种类。东京樱花其下品种较多，最著名的品种是染井吉野。无锡地区花期为3月下旬。

染井吉野

Cerasus × yedoensis 'Somei—Yoshino'

伞状树形，枝条开展。幼叶棕黄绿色，先花后叶；伞形花序，有花 3~4 朵，花瓣 5 枚，花色淡粉色至白色，花径 3~4cm；苞片褐色，匙状长圆形，边有腺体；萼裂片三角状长卵形；花柱与雄蕊等高或近等高。

原产于日本，为江户彼岸樱与大岛樱的自然杂交种，是目前种植最广泛的樱花种类，几乎在所有的樱花景观中都有其身影。其树形高大，早春先叶开花，花蕾时淡红色，盛开时花白色，花开繁密，枝条被花全覆盖，远远望去如一片绯云。无锡地区花期为 3 月下旬至 4 月初。

神代曙

Cerasus × yedoensis 'Jindai—akebono'

伞状树形。幼叶绿色，先花后叶；伞形花序，有花 2~3 朵，花瓣 5 枚，淡红紫色，先端颜色浓，花径约 3.5cm；萼裂片长卵形，有锯齿；花柱与雄蕊等高或近等高。

原产于日本，为江户彼岸樱和其他品种杂交的园艺品种，因由东京都神代植物公园发现栽培而得名。无锡地区花期为 3 月下旬。

吉野枝垂

Cerasus × *yedoensis* 'Perpendens'

垂枝树形，小枝粗壮，水平略下垂。幼叶棕黄绿色，花叶同放；伞形花序，有花 3~4 朵，花瓣 5 枚，淡粉色，花径约 3cm；萼裂片三角状长卵形；花柱与雄蕊等高或近等高。

为染井吉野的垂枝品种。无锡地区花期为 3 月下旬，鼋头渚风景区、金匮公园等公园绿地有少量应用。

大山樱
Cerasus sargentii

伞状树形，树皮暗紫褐色。幼叶红褐色，持续至花落后一段时间才变为绿色，近于花叶同放；伞形花序，有花1~3朵，花淡紫红色，无总梗，花径约3.5cm，具淡香；萼筒长钟形，萼裂片全缘，均为紫红色，无毛；花柱与雄蕊近等高。

大山樱原产于我国与日本，在日本北部广泛栽培。无锡地区花期为3月下旬。

高岭樱

Cerasus nipponica

小乔木。幼叶黄绿色，花叶同放；伞形花序，有花 2~3 朵，花瓣 5 枚，花淡红色，花径 2.7~3cm；萼筒紫红色钟形，花开时平伸，随后下垂，有细毛；萼裂片疏齿，无毛；花柱与雄蕊近等高。

为日本原生种，分布海拔较高，多在山上生长，尤其在山腹等地，因此别名峰樱。鼋头渚风景区有引进栽培，无锡地区花期为 3 月下旬。

豆樱

Cerasus incisa

灌木或小乔木，树干直立。树皮有不规则的浅裂。成叶较小，叶缘具锐尖的缺刻状重锯齿，叶基具柄腺体；先花后叶或花叶同放；伞形花序，有花 1~3 朵，花瓣 5 枚，白色或淡粉色，花瓣平展，花朵下垂，花径 1.9~2.8cm；总梗无或极短，花梗密被斜上短柔毛；萼筒紫红色长筒状，萼裂片全缘。

豆樱又名“富士樱”，为日本原生种，主要分布在日本关东地区及富士山周边。鼋头渚风景区有引进栽培，无锡地区花期为 3 月下旬。

冬樱

Cerasus × *parvifolia* ‘Fuyu—zakura’

伞状树形。幼叶在冬季花期不开展，在春季花期稍开展，黄绿色稍带紫红色；两季开花，伞形花序，有花 1~3 朵，花瓣 5 枚，初淡红色，后白色，花径 2~2.8cm；萼裂片长椭圆形，全缘无毛；花柱无毛，与雄蕊近等高。

为豆樱杂交品种，因冬春两季开花而得名。无锡地区花期为 10~12 月及翌年 4 月上旬至中旬。

大岛樱

Cerasus speciosa 'Speciosa'

伞状树形。幼叶绿色，花叶同放；伞房花序，有花2~3朵，花瓣5枚，花瓣中间具明显折痕，白色，盛花期后花中心变赤红色，花径约4.5cm，具芳香；总苞片内侧有毛；萼片披针形，锯齿明显；花柱与雄蕊近等高。

大岛樱原产于日本伊豆半岛，数量特别多，所以被称为大岛樱。大岛樱是一种非常重要的樱花，不但具有极强的抗性，生长迅速、健壮，而且研究报告表明，大岛樱参与了不少樱花品种的形成，为丰富樱花品种做出了杰出贡献。无锡地区花期为3月中下旬。

八重红大岛

Cerasus speciosa 'Yaebeni—ohshima'

宽卵状树形。幼叶棕黄绿色，花叶同放；伞房花序，有花 3~4 朵，花瓣 20~30 枚，淡红色，倒卵形，花径约 4cm；花瓣充分展开时，有淡淡香味；总苞片倒卵状椭圆形，外侧无毛，内侧密被短柔毛，内侧总苞片先端 3 裂，苞片扇形；萼筒漏斗状长钟形，萼片披针形，边缘有锯齿；花柱与雄蕊近等高。

为大岛樱的淡红色重瓣栽培品种，无锡地区花期为 3 月中下旬。

骏河台匂

Cerasus speciosa 'Surugadai—odora'

伞状树形，树皮紫褐色。幼叶暗褐色，花叶同放；伞房花序，有花 2~4 朵，花白色，花瓣 5 枚，偶有旗瓣，具浓郁芳香，花径 3~4cm；总苞片倒卵状椭圆形，外无毛，内侧密被长柔毛；苞片绿色，扇形，边缘有腺齿；萼筒长钟形，萼裂片长卵形；花柱稍低于雄蕊。

为野生大岛樱的变异品种，香气浓郁，以江户骏河台庭院命名。无锡地区花期为 3 月下旬至 4 月初。

山樱花

Cerasus serrulata

伞状树形。幼叶绿色，花叶同放；伞房总状花序，有花 2~3 朵，花色纯白，稀粉红色，花瓣 5 枚，平展，花径约 3cm，淡香味；总苞片褐红色，倒卵状长圆形，外面无毛，内被长柔毛；萼裂片长三角形全缘；花柱与雌蕊近等高，无毛。

山樱在我国的栽培历史较早，是樱花园艺品种最庞大的家族，绝大多数的栽培品种都由山樱选育而来。无锡地区花期为 3 月中下旬。

阳春樱

Cerasus serrulata 'Yoshun'

伞状树形。幼叶绿色，先花后叶，花朵密集；伞形花序，有花2~3朵，花瓣5枚，淡粉色，花瓣较平展，花径3~4cm；总苞片淡绿色；萼裂片三角形有疏锯齿；花柱与雄蕊等高或近等高。

无锡地区花期为3月下旬。

白雪

Cerasus serrulata 'Sirayuki'

伞状树形。幼叶褐色，近花叶同放；伞状花序，有花 2~4 朵，花瓣 5 枚，无褶皱，纯白色，花径约 4.5cm；总苞片淡绿色，苞片绿色；萼片宽广有锯齿，花柱与雄蕊近等高。

原产于日本，为日本晚樱与江户彼岸樱的复杂杂交所得，花开时洁白如雪，因此得名“白雪樱”。无锡地区花期为 3 月下旬。

御车返

Cerasus serrulata ‘Mikurumakaisha’

广卵状树形，枝条向上伸展。幼叶绿褐色带黄绿色，先花后叶；伞形花序或伞形状伞房花序，有花3朵，花瓣5~8枚，分内外两侧，外侧的5个圆形长约2.4cm，内侧的1~3个旗瓣，花径约5cm，花色淡红色；萼片长椭圆状三角形，全缘；花柱长度与雄蕊约等高。

为原产于日本的古老栽培品种。江户时期，有两人在车上争论其花瓣是八重还是一重，为核实而导致车辆返回，因此又名“御车返”“八重一重”。无锡地区花期为3月下旬。

松月

Cerasus serrulata 'Superba'

伞状树形，枝条横展。幼叶嫩绿色，先花后叶；伞形花序，有花2~3朵，花瓣21~30枚，外侧花瓣为圆形、淡粉色，先端及边缘颜色稍深且凹裂，内侧花瓣粉白色，花下垂，花径约5cm；苞片倒卵状钥形；萼筒漏斗形，萼片卵形，有锯齿，紫红色；雌蕊1个，有时2个，有叶化现象，叶化部分有锯齿；花柱明显高于雄蕊。

为原产于日本的园艺栽培品种，日本晚樱的代表之一，原栽植于日本松月寺，又因花朵集生枝顶，犹如松树枝头的一轮明月而得名。花期略早于晚樱其他品种，是中樱与晚樱的花期衔接品种。松月樱的花多集中在枝条的顶端，花序下垂，花团锦簇，花色明艳柔和，是非常好的庭院树与景观树。无锡地区花期为4月上旬。

一叶

Cerasus serrulata ‘Hisakura’

宽卵状树形。幼叶黄绿色，先花后叶；伞形花序，有花2~4朵，花瓣20~40枚，花下垂，淡红白色，花径约5cm；总苞片较小，紫红色，苞片倒三角形；萼筒短漏斗形，萼片卵形全缘，有锯齿，无毛；雌蕊通常1个，下半部分有叶化现象；花柱明显高于雌蕊。

为原产于日本的山樱系园艺栽培品种，和松月近似，因常1枚雌蕊，基部叶化而得名。无锡地区花期为4月初。

关山

Cerasus serrulata 'Kanzan'

伞状树形。幼叶初为红褐色，后变成绿褐色，花叶同放；伞房花序，有花3~5朵，花瓣30~50枚，颜色紫红色，花径约5cm；总苞片倒卵状椭圆形，外无毛，内被短柔毛；萼片卵状，长三角形，全缘；花柱明显高于雄蕊。

为原产于日本的园艺栽培品种，日本晚樱的代表之一。推测为大岛樱与山樱的杂交品种，适应性强，世界范围内广泛种植，中国各省地区常见，是食用樱花的主要原材料。无锡地区花期为4月上旬至中旬，道路绿化、景区普遍应用。

普贤象

Cerasus serrulata 'Albo—rosea'

伞状树形。幼叶红褐色，花叶同放；伞形花序，有花3~4朵，花瓣21~50枚，花初期淡红色，后变成粉白色，花径4~5cm；总苞片紫红色，苞片绿色；萼筒漏斗状，无毛，萼裂片卵状三角形，边缘有明显锯齿，无毛；雌蕊通常2枚，下半部分叶化；花柱明显高于雄蕊，花柱下部叶化，绿色。

为原产于日本的园艺栽培品种，日本晚樱的代表之一。原古京都普贤堂种植，因其2枚叶化雌蕊像佛教中普贤菩萨所乘白象的鼻而得名。我国各大城市广泛栽培，无锡地区花期为4月上旬。

天之川

Cerasus serrulata 'Erecta'

扫帚状树形，树型直立向上生长，呈倒扫帚型，侧枝紧贴主枝生长。幼叶黄绿色，近花叶同放；伞形花序，有花3~4朵，半重瓣，花瓣8~20枚，淡红色，近圆形，有香味，花姿向上，着花量大，花径约4cm。萼筒筒状钟形，无毛，萼裂片三角形，全缘无毛；花柱无毛，与雄蕊近等高。

为原产于日本的园艺栽培品种，又名银河山樱。因树形直立向上成帚状，花序向上开放而得名。无锡地区花期为3月下旬至4月初。

白妙

Cerasus serrulata ‘Sirotae’

伞状树形。幼叶绿褐色，花叶同放；伞形花序，有花 4~5 朵，花纯白色，有时外侧花瓣先端及花瓣外部略带淡紫红色，有淡淡香味，花瓣 10~15 枚，花径约 3cm；总苞片淡绿色稍带紫红色，苞片绿色；萼筒长钟形，萼裂片舟状，全缘或有几枚疏锯齿；花柱无毛，与雄蕊近等高或略低于雄蕊。

为原产于日本的古老栽培品种，晚樱中稀有的花期早、花蕾淡粉、花色纯白品种，洁白如玉，纯洁高雅。无锡地区花期为 3 月下旬。

手弱女

Cerasus serrulata ‘Taoyame’

宽卵状树形。幼叶红棕色，花叶同放；伞房花序，有花 3 朵，花瓣 8~15 枚，外侧花瓣圆形平展，呈淡红紫色，内侧花瓣卵形不规则褶皱，呈淡红色，花径约 4cm；萼片长椭圆状卵形，全缘或有微锯齿；花柱 1 个，明显高于雄蕊。

为原产于日本的园艺栽培品种。无锡地区花期为 4 月初。

福禄寿

Cerasus serrulata 'Contorta'

杯状树形。幼叶绿色，先花后叶；伞房花序，有花 2~4 朵，花瓣 15~25 枚，外侧花瓣扁圆形起伏，褶皱淡紫红色，内侧花瓣淡红色，花径 4.5~5cm；萼片长三角状披针形；花柱明显高于雄蕊。

为原产于日本的园艺栽培品种。花量繁多，花色明艳，观赏性好，十分喜庆。无锡地区花期为 4 月上旬。

御衣黄

Cerasus serrulata 'Gioiko'

杯状树形。幼叶绿褐色，花叶同放；伞形状花序，有花2~5朵，花淡绿色，下垂，外侧圆形，先端外侧翻卷，花瓣12~20枚，花径约4cm，花瓣中心有绿色的线条，盛开后，绿色的线会逐渐变为红色，花落的时候整个花瓣都带有红色；总苞片深绿色，脉纹紫红色；萼筒细长漏斗形，萼片卵形，先端尖锐，全缘；花柱无毛，明显高于雄蕊。

为原产于日本的园艺栽培品种，是晚樱中稀少绿色系的代表品种之一。因其花色接近贵族服饰中被称为“萌黄”的嫩绿色而得名，与郁金近缘。无锡地区花期为4月上旬。

郁金

Cerasus serrulata 'Grandiflora'

杯状树形。幼叶褐色带绿，花叶同放；伞房花序，有花3朵，花瓣7~20枚，花瓣呈纵向折叠打开状，淡黄绿色近白色，花径约5cm；开花后期，绿色花瓣外端带红紫色，内花瓣微淡黄绿色；总苞片绿色带紫红色，最内侧的总苞片3深裂；苞片绿色无毛；萼筒漏斗状钟形，萼片长椭圆状披针形，全缘，雌蕊高于雄蕊，无毛。

为原产于日本的稀有园艺栽培品种。樱花品种大多为白色到粉色系，郁金樱为晚樱中稀少的绿色樱花代表品种，因其花色像中药郁金（姜黄）的块根而得名；同时有别于御衣黄等品种，其花瓣清透鲜亮而备受大众喜爱。无锡地区花期为4月上旬。

杨贵妃

Cerasus serrulata 'Mollis'

杯状树形。幼叶黄绿色略带褐色，花叶同放；伞房花序，有花 3~4 朵，花瓣 15~25 枚，外侧花瓣扁圆形起伏褶皱，呈淡紫红色，内侧花瓣淡红色，花径 4.5~5cm；总苞片淡黄绿色，常带有深紫红色；萼筒漏斗形，萼片长三角状披针形，全缘；花柱明显高于雄蕊。

为原产于日本的园艺栽培品种。日本樱花园艺者为表达对杨贵妃的崇拜，把这种花色艳丽、雍容华贵的樱花品种命名为“杨贵妃”。该樱花凋落方式也和其他樱花不同，其他是一瓣一瓣地凋落，而杨贵妃樱是整个花朵一起凋落。无锡地区花期为 4 月上中旬。

仙台枝垂

Cerasus serrulata 'Sendai—shidare'

垂枝状树形。枝条横向伸展，先端次第下垂，树枝弓形向下曲。幼叶绿色带黄褐色，近花叶同放；伞形花序，有花 2~5 朵，花瓣 5 枚，先端有齿，花白色，外面先端微带淡粉色，花径 3.5cm；总苞片倒卵状椭圆形，上部赤红色，下部绿色，外侧无毛，内侧密被长柔毛；萼片披针形，与萼筒近等长；花柱无毛，低于雄蕊。

为原产于日本的古老山樱垂枝栽培品种，因仙台市榴冈公园而得名。仙台枝垂花期较早，是中樱和晚樱中间的花期衔接品种，因其枝条柔软下垂如瀑布而具有极佳的观赏。无锡地区花期为 3 月下旬至 4 月上旬。

红笠

Cerasus serrulate 'Benigasa'

伞状树形。幼叶黄绿色，花叶同放；伞房花序，有花 3~5 朵，花瓣 50~60 枚，椭圆形，外侧花瓣淡红色，内侧花瓣近白色，花径约 4cm；萼片长椭圆状三角形，全缘，雌蕊 2 枚，叶化。

为日本北海道松前町培育的红花晚樱品种，因花形盛开时如斗笠而得名。无锡地区花期为 3 月底至 4 月上旬。

菊樱

Cerasus serrulata 'Chrysanthemoides'

杯状树形。幼叶黄绿色，花叶同放；伞房花序，有花 3~5 朵，花瓣 100~200 枚，外侧淡紫色，内侧深紫红色，花径约 4cm；总苞片倒卵状椭圆形，紫红色，外无毛内被柔毛；萼裂片宽卵形，全缘有锯。

是原产于日本的园艺栽培品种，因花形如菊花而得名，花形下垂，花瓣数目极多，淡紫色的花在绿叶的映衬下观赏效果极佳。无锡地区花期为 4 月上旬。

菊枝垂

Cerasus serrulata 'Plena—pendula'

垂枝状树形。幼叶绿褐色，花叶同放；伞房花序，有花 3~5 朵，花瓣 50~90 枚，外侧花瓣近圆形，部分萼片化，内侧花瓣长椭圆形，粉红色，花径约 3cm；萼片长椭圆状披针形，边缘有少量锯齿，有副萼片，雌蕊 1 枚，叶化。

为原产于日本的园艺栽培品种，花形与菊樱相似。无锡地区花期为 4 月上旬。

红华

Cerasus serrulata ‘Kouka’

杯状树形，嫩枝绿带红紫色。幼叶黄绿色，花叶同放；伞房花序，有花 3 朵，花瓣 35~40 枚，淡红紫色，花下垂，花径约 5cm；萼片全缘三角形，有少数柔毛；雌蕊高于雄蕊，下半部分叶化，有锯齿，花柱红紫色。

原产于日本，为日本北海道松前町培育的花期较长的红花晚樱品种。无锡地区花期为 4 月初，花期可持续半个月。

花笠

Cerasus serrulata 'Hanagasa'

杯状树形。幼叶绿色；伞房花序，有花2~3朵，花瓣30~40枚，暗红紫色，下垂，花径4~5cm；萼片长三角形卵状，长有锯齿；雌蕊1~2枚，上部叶化，伸出花外像花斗笠。

为原产于日本的园艺栽培品种，由“福禄寿”实生苗选育而来，因叶化雌蕊伸出像花斗笠而得名。无锡地区花期为3月底至4月上旬。

胡蝶

Cerasus serrulata 'Kocho'

杯状树形，树枝较粗，分枝较紧凑，主枝不多。幼叶绿色，花叶同放；伞形花序，有花2~3朵，花瓣5~15枚，偶有旗瓣，粉白色外缘淡红，花径约4cm；花瓣较圆，聚拢半开状；花柱与雄蕊近等高。

原产于日本，原是日本京都仁和寺里的樱花树，盛开时满树花朵像蝴蝶纷飞的样子，故命名为“胡蝶”。无锡地区花期为3月底至4月上旬。

兰兰

Cerasua serrulata 'Ranran'

杯状树形，树形直立强劲。幼叶黄绿色，先花后叶；伞形花序，有花 3~5 朵，花瓣 15~20 枚，粉红色，花瓣半开张，花团锦簇，花径约 4cm；萼片椭圆状三角形，全缘。

原产于日本，为白兰和雨宿樱的杂交品种，以中国旅日大熊猫“兰兰”命名。无锡地区花期为 3 月底至 4 月上旬。

红绯衣

Cerasus serrulata ‘Matsumae—benihigoromei’

杯状树形。幼叶黄绿色带褐色，花叶同放；伞房花序，有花 2~3 朵，花瓣 15~22 枚，红紫色，花径约 5cm；萼片长椭圆状披针形，先端锐形，全缘；雌蕊 1 枚，花柱高于雄蕊。

原产于日本，是日本北海道松前町培育的红花品种。无锡地区花期为 4 月上旬。

红时雨

Cerasus serrulata 'Beni—shigure'

杯状树形。幼叶黄绿色带褐色；伞房花序，有花 3~5 朵，花瓣 25~35 枚，外侧的花瓣浓红紫色，内侧淡红紫色，花下垂，花径约 4cm；萼片长卵状三角形，全缘，雌蕊 2 枚，叶化。

原产于日本，为东锦樱的实生苗选育的晚樱品种，推断系东锦樱与霞樱的杂交。无锡地区花期为 4 月上中旬。

红丰

Cerasus sieboldii 'Beni—yutaka'

杯状树形。幼叶绿色带褐色，先花后叶；总状花序，有花2~3朵，花蕾深紫红色，花瓣粉红色，初开瓣缘有粉红晕，瓣缘有细齿，花丝白色； 花瓣12~18枚，花径4.2~5.2cm，色浓花大，有芳香；萼筒钟形，无毛，萼筒上有棱线。

该品种本名“松前红丰”，因将“丰”的繁体字“豊”误读为“豆”而又名“红豆”，因此在婚恋主题樱花景观中应用较多。是松前早咲与红八重杂交的品种。无锡地区花期为4月上旬。

三岛富士樱

Cerasus jamasakura 'Mishima—fujimizakura'

伞状树形。幼叶绿色，先花后叶；伞房花序，有花 3 朵，花瓣 5 枚，花色白至淡红，花径 2~3cm，具淡香；萼筒钟形，萼裂片全缘，均为紫红色，无毛；花柱与雄蕊近等高。

为原产于日本的园艺栽培品种，从东京小金井堤上种植的山樱实生苗中选育而来。无锡地区花期为 3 月下旬。

仙台屋

Cerasus jamasakura 'Sandaiya'

宽卵状树形。幼叶红褐色，花叶同放；总状花序，有花2~4朵，花蕾粉色，花粉色，深浅不匀，花瓣5枚，近椭圆形，先端色较深，花径约4.5cm；花萼浅褐色，花梗无毛；萼筒漏斗状钟形，无毛，萼片披针形，先端锐尖，全缘，无毛；萼裂片卵状三角形；花柱与雄蕊近等高。

为红山樱系中的园艺栽培品种，因于日本仙台屋种植命名。无锡地区花期为3月下旬。

静香

Cerasus jamasakura 'Shizuka—nioi'

杯状树形。幼叶绿色带暗褐色，花叶同放；伞形花序，有花 3~4 朵，花瓣 5 枚，淡红色，有芬香，花径约 3.3cm；苞片绿色，齿牙细长；萼筒钟状，萼片长椭圆状披针形，有锯齿；花柱无毛，与雄蕊近等高。

无锡地区花期为 4 月上旬。

市原尾之虎

Cerasus jamasakura 'Albo Plena'

杯状树形，枝条横向伸展。幼叶黄绿色；伞房花序，有花 3~4 朵，花蕾浅红紫色带白色，花瓣约 50 枚，白色，花径 3.5~4cm；总苞片红褐色，苞片绿色，倒卵形；萼片长椭圆状三角形，全缘；柱头高于雄蕊。

为原产于日本的园艺栽培品种，因其主枝粗壮、横向伸展，花集生短枝开放像老虎尾巴而命名。无锡地区花期为 4 月上中旬。

奈良八重樱

Cerasus leveilleana 'Antiqua'

宽卵状树形。幼叶黄绿色，花叶同放；伞房花序，有花 2~4 朵，花瓣 20~35 枚，淡红白色，椭圆形，先端深二裂，花蕾时红色，开花后颜色变淡，落花时再现红色，花径 2.5~3.5cm；苞片绿色，基部红紫色；萼筒长钟形，外面有毛，萼片卵状三角形，全缘，近无毛；雌蕊 1~2 枚，明显高于雄蕊。花梗、萼筒密被柔毛。

为日本奈良栽培的毛叶山樱的重瓣品种，花期最晚的品种之一。无锡地区花期为 4 月上中旬。

重瓣甜樱

Cerasus avium ‘Plena’

伞状树形，树皮黑褐色，小枝灰棕色。幼叶黄绿色，花叶同放；伞形花序，有花3~4朵，花重瓣白色，有40~50枚，倒卵圆形，先端微下凹，有稍起伏波皱，花径约3cm；萼筒宽钟状，长宽近相等，萼裂片花后反折，花柱与雄蕊近等高。

原产于欧洲及亚洲西部，无锡地区花期为3月下旬。

观赏性状

上述众多的樱花，在观赏性状上更为丰富。从生长状态方面来看，有大乔木如华中樱、染井吉野、野生早樱、河津樱等；小乔木如迎春樱、大渔樱等；灌木状有豆樱、思川等。从树冠状态方面来看，有广圆形如日本樱花；圆球形如豆樱；枝条垂直向上生长的天之川；也有枝条弧曲下垂的垂枝樱。花瓣有单瓣、套瓣和重瓣之分。花色更是斑斓，有白、粉、红、紫红和绿等色。特别是花期，差异明显，除十月樱外，它们的花期可从 2 月下旬开始，渐次开放至 4 月中旬，极大延长了鼋头渚风景区赏樱的时间。而国产野生樱花资源中丰富的遗传基因，也为进一步持续应用发展提供了基础条件。

花期分类

按这些樱花的花期，以栽培最为普遍的染井吉野开花期为参照（无锡地区花期一般为 3 月中下旬 ~ 4 月初），把上述樱花分成以下四大类：

早樱

指花期早于染井吉野的樱花种类和品种。主要有迎春樱、樱桃、钟花樱、华中樱、尾叶樱、寒樱、椿寒樱、河津樱、修善寺寒樱、大寒樱、大渔樱等，花期为 2 月底 ~ 3 月中上旬。

中樱

与染井吉野花期基本相同的樱花种类和品种。除染井吉野外，主要有阳光樱、山樱、豆樱和重瓣甜樱以及日本晚樱中的大岛樱、福花早樱，花期为 3 月下旬 ~ 4 月上旬。

晚樱

凡花期晚于染井吉野的樱花都可称为晚樱，主要是日本晚樱中的大部分品种如一叶、松月、关山、普贤象等，花期为 4 月上中旬。

两季樱

花期为 3 月中下旬 ~ 4 月初以及 10 月初 ~11 月上旬分别花开两季的秋冬樱品种，如十月樱、冬樱等。

四　无锡樱花栽培技术

（一）樱花栽培与养护管理

俗话说“三分栽，七分管”，樱花的管养必须根据其生物学特性，了解其生长发育规律，并结合种植当地的具体生态条件，制定一套符合实情的科学的养护管理措施。

1. 种植地选择

樱花种植应坚持“适地适树”原则，最好选择四周无明显环境污染源，背风，光照充足，土层深厚、肥沃、通透性好的酸性土壤。可设置排水沟或坡面种植、加覆营养土、建设防风带等措施改善小环境。种植地前茬为蔷薇科植物，应选择客土置换。

2. 苗木定植

樱花定植时间于早芽萌动前最佳，梅雨季、秋季亦可。使用可降解材质的容器无需脱袋种植。种植穴应略大于苗木原容器或泥球，覆土也应盖紧压实，定植后沿容器壁或泥球四周浇透水，为避免树体倒伏应设立支架或拉绳。视植株大小施腐熟有机肥作为底肥。

3. 苗木修剪

樱花不耐修剪，其发枝能力随着树龄增长逐年减弱，重剪易形成哑枝，短截、摘心应控制。但若疏于修剪又会导致老枝枯萎、徒长枝过多、通风不畅、光照不足，致使翌年花朵稀疏，花径过小。因此成年樱花在园林修剪中常以轻剪为主，以利于树冠匀称、树体通透。

修剪主要于秋天落叶后和晚春花后进行，按照“由茎到梢，由内到外”的顺序，剪去枯枝、病虫枝、细弱枝、徒长枝、内膛枝、重叠枝等。若因树冠培养及机械损伤，需要对主枝干进行修剪，修剪后应涂抹石硫合剂、墨汁、桐油、伤口愈合剂等预防伤口感染，并促其愈合。

4. 肥水管理

樱花施肥应根据土壤、树势、气候条件等，确定合理的肥料种类、施肥时间和用量，防治缺肥或肥害。化学肥料与有机肥应配合使用，避免纯用化学肥料造成土壤板结。一般在树冠投影下，采用环形、放射形、条形沟等方法施肥。每年秋天落叶后和花后进行施肥；落叶期花芽孕育需要大量养分，以有机肥为主；花后是樱花营养生长最旺盛时期，施以腐熟充分的有机肥或复合肥为主。

每次浇水务必浇透，特别是夏季高温，若失水严重会导致樱花提早落叶。因樱花不耐水湿，梅雨季应及时排涝，确保根系呼吸顺畅。

5. 松土

樱花喜疏松、肥沃的沙质土壤。游客在近距离赏樱时踩踏树干周围土壤，易致土壤板结、通透性下降，从而使樱花根部呼吸困难，严重时根部腐烂致死。应及时疏松花后被踩踏的土壤，严重的需要起苗后重新栽植。但切忌连年松土作业。

樱花的根系较浅，松土尽量选用多齿耙之类作业面积较小的工具，避免损伤根系，松土深度以5~15cm为宜，为了更好地防止踩踏造成土壤板结现象，可以通过设置防护围栏和在土壤表面覆盖5~10cm疏松有机质来解决。

6. 病虫害防治

病虫害直接影响景区观赏性和游客舒适度，应建立严格的观测、预防、治理体系，以预防为主。病虫害防治尽量使用物理、生物手段，使用高毒、气味性农药和喷雾防治时应避开游客。

7. 伤树救治

大枝劈裂伤口的处理：先将伤口内的土、落叶等杂物清除干净，再把伤口两侧树皮刮削至露出形成层，然后用支柱或吊绳将劈裂枝恢复原状，最后用塑料薄膜将伤处包严扎紧以促进愈合。被吹断主干的樱花可锯平切面，消毒涂药后让其自然萌蘖，也可通过嫁接恢复。

木质部腐烂修复：机械损伤、虫咬、病害易致木质部腐烂，甚至形成树洞。刮去全部腐烂组织及伤口一侧到地面树皮至露出形成层，给伤口消毒后用育苗介质、苔藓填充伤口以促进伤口愈合、萌发新根。

换土复壮：根部坏死、生长不良的樱花，为了恢复树势需要换土复壮。换土应遵循“动土动根，莫让树知”的原则，在樱花落叶休眠期进行。先用细齿耙耙开树干基部土壤，剪除坏死根系，用杀菌剂、生根粉处理剪口，保护生长健壮根系，断根粗度尽量在直径0.5cm以内。根部坏死严重的应将树根全部提起进行处理。根系不足时，可于根基凿皮刺激不定根发育。凿口面积可根据植株大小灵活掌握，深度以达木质部为宜。凿口处用杀菌剂、生根粉处理，覆土应将凿口盖住。然后适当修剪枝叶，回填配制好的无菌新土，并固定支撑，最后浇透水。

（二）樱花常见病虫害防治

病虫害是导致树体生长衰弱、影响花期观赏效果的重要原因之一。

樱花病虫害防治应遵循“预防为主，综合防治”的植保方针，因时、因地制宜，在栽培措施的基础上合理利用物理防治、化学防治、生物防治等措施，综合防治多种有害生物，安全、有效地将有害生物的危害控制在经济损害允许水平之下。根据发生规律，从“预防”的角度出发，抓住关键时期，集中解决主要病虫害，达到“事半功倍”的效果。

化学防治时，慎重选择农药的种类、剂型、浓度和用药量，例如樱花对乐果、敌敌畏等农药极敏感，不当使用会产生药害反应，导致树叶穿孔、黄叶、落叶甚至植株死亡。为提高农药使用效率，节约劳动力成本，使用新药剂前应进行药害试验或先小规模试用，可将无配伍禁忌的杀虫、杀菌类药剂混合使用，以达到综合防治的效果。另外，化学药剂的使用还需要注意药物轮换，避免提高病虫耐药性，影响防治效果。

现将樱花常见的病虫害危害症状及防治措施分述如下：

1. 樱花主要虫害及其防治

刺蛾 鳞翅目刺蛾科幼虫是常见的食叶性害虫，樱树上常见有扁刺蛾、黄刺蛾、丽绿刺蛾和褐边绿刺蛾等。刺蛾低龄幼虫群集为害，取食叶片形成“天窗”空洞或缺刻；高龄幼虫食量猛增，一夜可食光一棵树的树叶，只剩叶脉，严重影响植物生长及景观效果。刺蛾幼虫最大特点是体表有毒刺和毒毛，人接触后立刻发生剧烈疼痛，故称“洋辣子”。无锡地区一般1年发生2代，以幼虫结茧越冬。成虫于5月下旬和7月下旬开始羽化，第一、二代幼虫为害盛期是6月中旬~7月下旬、8月中下旬~9月下旬。

防治措施：（1）通过冬剪、刮老树皮等措施可以减少在枝条上结茧越冬的刺蛾幼虫以及在树皮裂缝和翘皮中的诸多越冬虫源。

（2）初孵幼虫群集为害时，人工摘除虫叶，消灭幼虫。

（3）低龄幼虫群集为害期是最佳防治时期，可施用2.5%功夫乳油或20%除虫脲5000~6000倍液，或25%灭幼脲悬浮剂2000~2500倍液，喷洒均匀于叶部。

鳞翅目中多种蛾类幼虫均是樱树上的主要食叶性害虫，除刺蛾以外，常见的还有卷叶蛾、斑蛾、夜蛾、舟蛾、毒蛾等。定期监测虫口数量，预测危害严重时可以使用农药进行化学防治。如果虫情预测保持在可控范围内，可以考虑生物防治的手段，如释放苏云金杆菌、白僵菌、多角体病毒等各种有益微生物，也可释放姬蜂、赤眼蜂、广肩小蜂等天敌，发挥生物防治的控制作用，天敌数量增多的时期注意保护天敌。

刺蛾幼虫

蚜虫

朱砂叶螨成螨、若螨

蚜虫 半翅目蚜总科，刺吸式害虫，园林“五小”害虫之一。樱树上常见的种类有桃蚜、桃粉大尾蚜、月季长管蚜、莲缢管蚜等。蚜虫个体小，生活周期短，繁殖能力强，扩散速度快。群集在芽、嫩叶或嫩枝上吸食汁液，引起叶片生长畸形、萎蔫、落叶。1年可发生多代，以卵或成蚜（若蚜）在杂草、芽基部、芽叶、枝条伤疤处、树干裂缝处越冬。春夏季是蚜虫为害高峰期，干旱易爆发。

防治措施：（1）冬季结合树干涂白、修剪，减少越冬虫源。

（2）早春是防治关键时期，使用10%的吡虫啉可湿性粉剂1500倍液，或25%杀灭菊酯乳油1000~2000倍液，或50%双丙环虫酯可分散油剂12000~20000倍液，重点喷施虫害发生部位，以不滴液为宜，每周1次，连续2~3次。

朱砂叶螨 刺吸式害虫，属蛛形纲真螨目叶螨科。体色红，长不足0.5mm。成螨、若螨群集叶背，刺吸樱树叶片汁液，使受害叶片失绿呈灰黄色斑点，造成枯焦及提早落叶，被害嫩芽发黄枯焦不能展叶，影响正常生长与观赏。无锡地区1年18~20代，世代重叠，以受精雌成螨在土块缝隙、树皮裂缝及枯枝落叶等处越冬。3月底初发，黄梅天后6~7月高温天气繁殖迅速，为害加剧；多雨尤其暴雨天气对红蜘蛛生长繁殖不利。

防治措施：（1）冬季清园，消灭越冬虫源。点、片发生时，应及时摘除烧毁。加强水分管理，高温干旱季节，及时灌水或喷灌可以减

朱砂叶螨为害状

轻危害。

（2）早春樱花发芽前树体喷洒 3 ~ 5° Be 石硫合剂防治越冬雌成虫及卵。为害期喷施 50% 溴螨酯乳剂 2500 倍液或 73% 克螨特乳油 2000 ~ 3000 倍液，连续 2~3 次，喷药时应注意叶背面也要喷到。因螨类易产生抗药性，要注意杀螨剂的交替使用。

梨网蝽 梨网蝽又名“军配虫”，刺吸式害虫，属半翅目网蝽科。体小，若虫初孵时白色，成虫深褐色，静止时两翅重叠时呈黑褐色“X”形纹。主要在樱树叶片背面刺吸汁液，被害处有大量褐色或黑色的斑点，受害叶片背面呈锈黄色，正面成白色斑点，受害严重时全叶失绿色呈白色，提早落叶。无锡地区 1 年 4~5 代，以成虫在树皮裂缝内、落叶层下、杂草丛中越冬，有世代重叠现象。4 月上中旬，初孵若虫群集在嫩梢叶背主脉两侧刺吸为害，7~8 月为害最重。

防治措施：（1）冬季清园，清除杂草、枯枝落叶，刮除老翘皮，集中销毁，清理和填塞孔洞裂缝，以消灭越冬成虫。

（2）4 月上旬越冬成虫出蛰期至第一代若虫已基本孵化，是防治关键时期。可用 10% 吡虫啉可湿性粉剂与 2.5% 溴氰菊酯乳油的混合液 2000 倍液，或 1.8% 阿维菌素乳油 4000 倍液，药液应均匀喷施叶背。

蚧壳虫 蚧壳虫又叫介壳虫，刺吸式害虫，同翅目蚧科，危害樱花的蚧壳虫常见的有桑白蚧、日本龟蜡蚧、长白蚧、草履蚧等。其若虫、雌成虫体型扁平至半球形，背面披有一层蜡壳或蜡质、蜡粉，若虫、雌成虫寄生在植株树干、小枝条、叶片上刺吸汁液，使植物生长衰弱，提早落叶。一年多代。

防治措施：（1）加强苗木检疫，杜绝引进带虫树苗。

（2）加强樱花栽培管理，保持通风透光的栽培地条件；加强水肥管理，增强树势。

（3）防治介壳虫的最有利时期是 5 月上旬若虫孵化盛期，此时多数若虫孵化不久，体表尚未分泌蜡质。可喷施 2.5% 溴氰菊酯 3000 倍液或 80%烯啶吡蚜酮水分散粒剂 1500 倍液喷雾，7~10 天喷 1 次，连续 2 ~ 3 次。在秋冬和早春喷洒 5° Be 石硫合剂或 3%~5% 柴油乳剂，也可使用 400 亿个孢子 / 克球孢白僵菌可湿性粉剂，消灭越冬成虫和若虫。

樱花等其他蔷薇科园艺植物上受刺吸式口器虫害普遍，这类害虫部分种类会分泌蜜露等排泄物，污染植物表面，易诱发次生病虫害，不仅影响光合作用和观赏效果，还会加速削弱树势，严重为害时导致植物枯死。刺吸式口器虫害的防治以预防为主，配合冬季清园等园艺

梨网蝽

草履蚧

措施控制虫源。化学防治应该选择在防治最佳时间进行，以节约成本和避免为害爆发。蚜螨类害虫的防治关键期通常与其他病虫害的重合，因此将无配伍禁忌的杀螨剂、杀虫剂、杀菌剂混合后喷施对樱花病虫害的防治效果更好。

天牛 天牛是无锡地区樱花树上的主要的蛀干虫害，常见有桃红颈天牛、桃黄颈天牛、刺角天牛等，属鞘翅目天牛科。以幼虫在主干和主枝内钻蛀为害，先在皮层下串蛀后蛀入韧皮部和木质部，深达干心。受害枝杆被蛀中空，树液流通受阻，影响正常生长，还易引起枝杆流胶，使植株长势衰弱至死亡。一般 2 年发生 1 代，以幼虫越冬，成虫于 5 月至 9 月间出现，一年有 2 个幼虫为害高峰期，分别在 6 月和 8 月。成虫昼伏夜出，有趋光性。

防治措施：（1）加强樱花的栽培管理，改善种植条件，增强樱花树势。

（2）在成虫发生期间，树干涂白，白天中午人工捕捉成虫。可从 5 月下旬开始喷绿色威雷（8% 氯氰菊酯）触破式微胶囊剂 300 倍液或 3% 噻虫啉微囊悬浮剂 900~1500 倍液。

（3）人工捕杀幼虫。在幼虫为害期，根据新鲜虫粪用尖锐铁丝钩挖除蛀道内的幼虫，在蛀孔灌注敌敌畏原液等药剂封杀，也可用杀虫剂制成毒签、药泥和药棉球塞入蛀道，再用黄泥将排粪孔堵住。

（4）天牛羽化期、卵期及初孵幼虫期释放管氏肿腿蜂、花绒寄甲等天牛天敌。

木蠹蛾 六星黑点豹蠹蛾，又名多斑豹蠹蛾，属鳞翅目木蠹蛾总科豹蠹蛾科。以幼虫蛀食枝条和嫩梢为害，在茎部形成较大空心，使蛀道上部枯死，易遭风折。1 年发生 1 代，以老熟幼虫化蛹在被害枝干内越冬。5 月中下旬成虫羽化，7 月上旬 ~8 月上旬幼虫孵化开始蛀食。

防治措施：（1）修剪清除蛀害、风折枝条并销毁。

因为成虫羽化当晚即可交配产卵，所以 5 月底及时利用黑光灯诱杀成虫。

蛴螬 鞘翅目金龟子科幼虫统称蛴螬，其体型弯曲呈“C”形，

天牛幼虫

天牛成虫

木蠹蛾幼虫

白色或黄白色，成虫大多数有金属光泽，是世界性的地下害虫。无锡地区大部分金龟子1年发生1代，以幼虫越冬。成虫常见于4月~8月，4月下旬到5月中旬盛发。蛴螬于春、夏、秋季早晚在表土层活动，在夏末秋初危害加剧。金龟子成虫群集为害，取食叶片，造成不规则缺刻。

防治措施：（1）苗圃可结合冬季清园、深耕翻土整地，清除幼虫和蛹。

（2）在成虫发生高峰，使用性引诱剂诱集成虫；利用成虫的假死性，可于早晚摇树振落成虫并收集捕杀。有些种类金龟子有趋化性，可配制糖醋毒液诱杀成虫。

（3）可使用毒土、灌根和树体施药相结合的防治技术。3~4月可使用45%毒死蜱乳油800倍或70%噻虫嗪悬浮剂2000倍液与菊酯类农药混合灌根，或毒死蜱颗粒剂制作毒土；夏季傍晚使用4.5%高效氯氰菊酯乳油800倍液树体喷药。

（4）在樱树附近种植除虫菊可以驱赶金龟子。金龟子绿僵菌和布氏白僵菌等真菌制剂灌根或撒施对蛴螬也具有较好的防治效果。

2. 樱花主要病害及其防治

穿孔病　穿孔是樱树叶部的一种重要病害，在我国樱花种植区均有发生，因病原不同可分为细菌性穿孔病和真菌性穿孔病。

木蠹蛾为害状

蛴螬

细菌性穿孔病的病原菌是黄单胞杆菌或假单胞杆菌。初时病斑呈圆形水渍状，周围有淡黄色晕圈，病部无霉点，干燥后病斑脱落形成穿孔，严重时引起大量落叶。一般于4~5月开始侵染，7~8月发病最重。病原细菌在病斑及病芽内越冬，翌年春细菌借助风雨、昆虫传播，从气孔或皮孔侵入。温暖湿润的条件下易发病，树势衰弱加重发病。

防治措施：（1）加强樱花养护管理，及时清除病枝病叶，控制排灌，增施有机肥、磷钾肥，避免偏施速效氮肥。

（2）花芽膨大前喷布波尔多液或2~3° Be石硫合剂进行树体消毒。2~3月谢花后是新梢速长期，也是防治樱花细菌性穿孔病的最佳时期，喷施72%农用链霉素3000倍液，或40%噻唑锌悬浮剂600~1000倍液，或3%中生菌素可湿性粉剂400倍液，10~14天一次。也可用硫酸锌石灰液（硫酸锌：消石灰：水=1：4：240），成本低。

真菌性穿孔病，即穿孔性褐斑病，病原菌为核果尾孢菌。病斑由紫褐色小点扩展成同心轮纹状圆斑，边缘深色，后期出现褐色霉状物，病斑脱落形成穿孔。一般从6月开始发病，8~9月为高峰期。以菌体在病组织中越冬，翌年随气温升高，遇雨产生的孢子从气孔侵入叶片。病菌借风雨传播，如遇夏季干旱而后频繁降水的年份易感病严重。

防治措施：（1）加强樱树养护管理，及时清除病枝病叶；结合修剪，调整枝条密度。生长季节注意防旱防涝。

预防为主，合理使用化学药剂。结合冬季清园喷5° Be石硫合剂，减少越冬病原。在新梢萌发之前，喷50%福美锌可湿性粉剂100倍液；展叶前后喷洒65%代森锌500倍液（代森锌不可与铜制剂同用）或3%多抗霉素可湿性粉剂，7~10天1次。

樱树叶部病害还有叶斑病、白粉病、灰霉病、煤污病、炭疽病等，如发现少数植株已经出现病斑，就应及时对全园施药。

由不同的病原菌引起的樱树叶部病害，致病机理不同，因此防治方法和防治药剂需根据实际情况选择。施药时应交替使用不同杀菌剂，

樱花穿孔病

樱花根癌病

结合叶面施肥同步进行可达到更大效果。

流胶病 樱树流胶病常发生在主干和枝干，大多数是由栽培管理不善、水肥管理不当、病虫害危害、树体损伤、长势衰弱等原因引起。伤口出现近圆形水渍状或水泡状隆起，并有黏稠胶液溢出。一般4~10月可见，比如在天牛幼虫为害盛期的5月下旬~6月上旬和8月上旬~9月上旬是流胶病两次发病高峰期。

防治措施：（1）加强水肥管理，少施氮肥，注意排水防涝。通过中耕、松土提高土壤透水、透气性。除修剪外，园艺作业尽量避免树体损伤，必须使用修剪蜡或成品愈合剂涂抹大于2cm的茬口，也可阻止其他病原菌侵入。

（2）越冬前对樱花树干刷白，可以起到预防病害的作用。刮除胶块及溃疡部位后，用21%过氧乙酸4倍液或代森铵原药涂抹伤口。

（3）无锡地区的樱花流胶病多由天牛为害导致树势衰弱引起，故应特别加强天牛的防治工作。

根癌病 樱花根癌病也称冠瘿病，由根癌土壤杆菌引起。多发生在表土下根茎部，或接穗与砧木愈合处。病菌从伤口侵入，病部形成黄褐色表面粗糙的瘤状物，阻碍植株养分传输和吸收；发病后期可见白色菌丝体。感病樱树根系发育不良，树势衰弱，病株矮小，叶色黄化至提早落叶，严重时全株干枯死亡。粘重土壤易有病害发生。病原菌依靠流水、土壤和地下害虫传播，从伤口或自然孔口侵入。

防治措施：（1）加强检疫，选用无病苗或抗病砧木。

（2）园艺作业避免伤根，注意防治地下害虫；及时淘汰病重植株。

（3）改良土壤，对病株周围的土壤也可按50~100g/m^{2}的用量，撒入硫磺粉消毒。

（三）樱花养护管理月历

编者根据无锡地区樱花的生长习性、栽培特点，结合数十年来园林养护工作中的实际经验，整合樱花养护管理月历。

<table>
<tr><th colspan="13">养护管理月历</th></tr>
<tr><td></td><td>1月</td><td>2月</td><td>3月</td><td>4月</td><td>5月</td><td>6月</td><td>7月</td><td>8月</td><td>9月</td><td>10月</td><td>11月</td><td>12月</td></tr>
<tr><td rowspan="2">生长状态</td><td colspan="2">休眠期</td><td colspan="8">树叶生长期</td><td>落叶期</td><td>休眠期</td></tr>
<tr><td></td><td colspan="3">开花期</td><td></td><td></td><td colspan="2">花芽分化期</td><td></td><td></td><td></td><td></td></tr>
<tr><td rowspan="2">种植</td><td colspan="3">移植</td><td></td><td></td><td></td><td></td><td></td><td></td><td></td><td colspan="2">移植</td></tr>
<tr><td></td><td></td><td></td><td></td><td></td><td></td><td></td><td></td><td></td><td></td><td></td><td></td></tr>
<tr><td rowspan="2">修剪</td><td colspan="3">整形修剪</td><td colspan="4">徒长枝、枯死枝修剪</td><td></td><td></td><td></td><td colspan="2">枯死枝修剪</td></tr>
<tr><td></td><td></td><td></td><td></td><td></td><td></td><td></td><td></td><td></td><td></td><td></td><td></td></tr>
<tr><td rowspan="2">浇灌</td><td></td><td></td><td colspan="3">移植苗补水</td><td>防汛排涝</td><td></td><td></td><td></td><td></td><td></td><td></td></tr>
<tr><td></td><td></td><td></td><td></td><td></td><td></td><td colspan="2">高温抗旱</td><td></td><td></td><td></td><td></td></tr>
<tr><td rowspan="2">施肥</td><td colspan="3">冬肥（饼肥、鸡粪）</td><td colspan="4">花后礼肥（腐熟有机肥）梅雨季前施复合肥</td><td colspan="2">生长期追肥</td><td></td><td></td><td>冬肥</td></tr>
<tr><td></td><td></td><td></td><td></td><td></td><td></td><td></td><td></td><td></td><td></td><td></td><td></td></tr>
<tr><td rowspan="2">场地管理</td><td></td><td colspan="3">防止践踏过度</td><td></td><td colspan="3">除草</td><td></td><td></td><td></td><td></td></tr>
<tr><td></td><td></td><td></td><td></td><td></td><td></td><td></td><td></td><td></td><td></td><td></td><td></td></tr>
<tr><td rowspan="2">病虫防治</td><td colspan="2">处理枯枝落叶</td><td></td><td colspan="6">多种病毒虫害频繁发生 加强巡视监测 及时采取合适措施控制危害</td><td></td><td></td><td>处理枯枝落叶</td></tr>
<tr><td></td><td></td><td></td><td></td><td></td><td></td><td></td><td></td><td></td><td></td><td></td><td></td></tr>
</table>

五　樱花在无锡城市园林绿化中的应用

（一）应用概况

无锡在20世纪初就开始种植栽培樱花。由于生长良好，效果显著而深受大众的喜爱，改革开放后，在编制《无锡市城市绿化树种规划》时，几经讨论就将樱花、梅花、杜鹃、桂花等种类作为无锡市特色树种。为进一步普及樱花种植应用，园林局会同市绿化办公室于2008年组织编撰第一批《无锡市城镇绿化树种推荐名单》，重点推荐的优良落叶树种中就包含钟花樱、樱桃、大山樱、山樱花、野生早樱、日本晚樱、日本樱花等樱花种类。樱花的种植应用在无锡的城市园林绿地中非常普遍，成为无锡春天的主要观赏花木，赏樱也成为人们出行旅游的热点活动。现今樱花在无锡城市绿地建设中常用的品种达数十种，种植方式以列植、片植、群落、树阵为主，也有孤植、丛植的形式。无锡城市中开放式公园、樱花茶园、樱花大道为主要应用方式，与建筑物、水面、园林小品等构成美丽的景观，樱花为美丽无锡建设增加诸多亮点。

（二）公园景区应用

金匮公园

金匮公园的樱花应用始于 2010 年，由香港纺织企业家陈瑞球先生捐资兴建樱花林，并以其夫人满珍女士的名字命名为满珍樱花林。满珍樱花林位于金匮公园南麓山坡，占地面积 45800 平方米，种植了包括染井吉野、关山、大岛、八重红枝垂等 10 余个品种，数量 3200 余株。其中染井吉野数量居多。春暖花开时节，樱开如云似霞，满园烂漫，蔚为壮观。

无锡太湖植物园（红沙湾生态园）

无锡太湖植物园位于滨湖区山水东路红沙湾，占地面积约 11000 平方米，整体以樱树和茶树为主，2023 年建设为无锡太湖植物园一期启动区范围。无锡太湖植物园为无锡唯一的樱花茶园，打造江南茶田般的原生态环境，以“太湖碧水 + 漫山茶林 + 太湖樱花 + 笠渚奇石”为特色，翠绿的茶园与茫茫的樱花相映成趣，吸引了无数游客到此踏青赏花品茗，有“太湖好望角”之称。主要展示品种有八重樱、大渔樱、染井吉野等。

友好园

友好园位于梁溪区太湖大道和太湖广场之间，占地面积约 9000 平方米。1990 年，由无锡市和日本相模原市两市缔结友城五周年时共同建造，友好园以闹中取静，小而精致著称。樱花时节，日式的庭院与中式的园林相映成趣，别有一番独特的意境美。2020 年 11 月，无锡市城建发展集团对友好园进行了改造提升，丰富了园内樱花品种，目前以染井吉野为主，有少量关山樱。

慧海湾生态公园

慧海湾生态公园位于太湖之滨、望虞河口，总面积约340000平方米。公园以森林、水资源为核心资源，集生态涵养、湿地游憩、户外拓展等多种功能于一体；在植物上突出樱花主题，配以多彩观赏植物，以一条1.8公里的主环绿道串起12个景点，沿湖建设步行道、跑道和骑行道，四季景致各不相同。2020年9月启动国际樱花友谊林的建设，力争将此处打造成具有一定影响力的赏樱胜地。樱花品种除染井吉野以外，还有河津樱、江户彼岸、钟花樱、大岛樱、垂枝樱，及日本晚樱的一叶、郁金、白妙、关山、普贤象等10余个品种，数量约1000株。

灵山小镇—拈花湾

灵山小镇是一座山清水秀、诗情画意的禅意小镇，位于太湖国家风景名胜区马山景区、无锡太湖国家旅游度假区范围内，于 2015 年 11 月建成开放。景区内，指月巷（樱花大道）、云树帆影生态湿地、平常居精品客栈外围及庭院、鹿鸣谷等为主要赏樱点，与其他景区大面积种植樱花不同，拈花湾的樱花以局部点缀为主，更突出意境，并有丰富的体验活动供游客参与。种植品种包括染井吉野、嵊州早樱、福建山樱、迎春樱、阳光樱等 20 余个品种，数量 1100 余株。

三国水浒城

三国水浒城位于滨湖区山水西路，坐落于葱茏苍翠的峄嶂山麓、风景秀丽的太湖之滨之间，始建于 1987 年，是我国首家以影视文化与旅游相结合的主题园，入选国家首批 5A 级旅游景区。水浒城入口处的樱韵园、香宁宫及其前面的樱花大道、大相国寺的周围种了大片樱花，是绝佳的赏樱胜地，皇宫御花园和府院中也有少量点缀。樱花种植逐年累积，形成现有种植规模，中樱和晚樱类较多，中樱数量 1000 余株，主要品种有染井吉野、阳光樱、江户彼岸樱和大岛樱等，晚樱数量 800 余株，主要品种有关山。

花星球

花星球位于滨湖区胡埭镇，于 2016 年开始打造，2018 年大规模种植樱花。满园樱绯，处处显春，漫步在花星球的樱花大道上，一派春意盎然，若是坐着园内的小火车沿着大道驶入这一片樱花林中，也是妙趣横生。园内有早中晚不同花期品种的樱花数十种，以染井吉野为主，目前已达 800 余株的规模。

新城中央公园

新城中央公园位于新吴区江溪街道春江路，初建于 2008 年，总面积约 150000 平方米，是集休闲、观赏、娱乐于一体的现代化城市公园。园内樱花全部为染井吉野，基本覆盖整个公园，或成林或点植，亦或行道树，置身其中，赏心悦目。

尚田生活景区

尚田生活景区位于惠山区万马村，于 2012 年建成开放，由万马村乡贤曹熙忠先生创立。樱花以行道树形式大规模应用，在景区内部沿路种植，空中俯瞰呈现为“樱花爱心”形状。种植品种以染井吉野为主，经过近几年的发展，增加了钟花樱、大岛樱、江户彼岸、关山等品种，丰富了园内樱花种类，数量 1000 余株。

泰伯体育公园

泰伯体育公园位于新吴区泰伯大道、锡兴路交叉口。2012 年底，为满足广大居民群众体育健身的需求，新区管委会利用原泰伯公园大型广场绿地，新建室外健身场地和设施，改造种植樱花，建成环境优美、设施齐备的体育休闲公园，于 2013 年 5 月正式启用。主要品种为染井吉野，花开时节，人行道一边是樱花，一边是排列整齐的单车，行人可随走随拍，在浪漫樱花中，挥洒英姿。

江阴锡澄运河公园

锡澄运河公园位于芙蓉大道—毗陵路桥，总面积约300000平方米，为江阴首个樱花主题公园，于2023年3月开放。运河东岸采用樱花与各种主题文化相结合，形成“主题文化园 + 樱花”的鲜明特色，打造城市记忆场所；西岸利用自然地形和水岛，营造樱花山林，设置林下活动场地，丰富游客的游园体验。以河津樱、染井吉野、八重红枝垂、飞寒樱为主，布局樱花品种16个，数量2000余株。

江阴芙蓉湖公园

芙蓉湖公园毗邻锡澄高速江阴北道口，背靠黄山森林公园，总面积约33万平方米，建成于2014年10月。整个公园以充满地方特色的香樟为基调树种，疏密适当，高低错落，林荫繁盛。增加种植芙蓉花、樱花为主的花灌木，形成特色。目前园内染井吉野、绯红等晚樱数量1000余株，每年定期举办江阴市芙蓉湖公园赏樱节，开启江阴市春季赏樱盛会。

宜兴龙背山森林公园

龙背山森林公园位于陶都路东侧、东氿大道南延段北侧，其东侧生态廊道（樱花岭）依山而建，全长 2500 米，由 700 米的塑胶环形跑步道、1800 米步道和陶都路生态廊道三部分组成，于 2020 年 9 月开放。生态廊道以前是一座荒山，如今变成一个占地 100 余亩的樱花主题园，樱花品种以染井吉野为主，有少量钟樱花和椿寒樱，数量有 2300 株。

（三）城市道路应用

太湖大道

太湖大道是无锡极为重要的景观大道，东连沪宁高速东亭出口，横贯主城区，西经蠡湖新城达太湖岸边，是展示无锡现代化城市风貌、体现无锡地域文化和自然生态环境的湖滨城市景观轴线。太湖大道（广南立交—环湖路）段长度约 10 公里，栽植樱花 500 余株，品种有椿寒樱，染井吉野、晚樱等。2022 年改造提升增种樱花 500 余株，目前太湖大道共计种植樱花 1000 余株。

高浪路

高浪路作为进入鼋头渚赏樱胜地的重要门户通道，同时依托金匮公园，以“落樱缤纷·四季花路”为特色，主打樱花主题，中分带全线为高杆染井吉野，两侧绿化带设置 2 条樱花跑道，种植染井吉野、河津樱、晚樱等品种，3 条樱花景观带共计种植樱花 3887 株。

独月路

无锡地区“最接地气”的樱花路，为无锡城市道路中规模最大的赏樱大道，可以称得上是无锡“最美”樱花大道。500 多米的道路两旁种植了 300 多株樱花树，以染井吉野为主，每年花开时节，形成了无锡最壮观的樱花观赏大道风景线，汽车、行人穿梭其中，让人感受到最浓厚的春天气息。

双虹路

双虹路位于滨湖区蠡湖新城太湖湖畔，是通往赏樱胜地鼋头渚风景区的必经之路。每逢樱花季，双虹路两侧绿化带内樱花盛开，游人如织，车辆行人穿行其间，让人感觉浪漫如诗，美不胜收。双虹路（隐秀路—环湖路）全长 1.5 公里，种植樱花 582 株，品种为染井吉野和晚樱。

宜兴氿滨南路

氿滨南路为进入宜兴城区门户通道，位于龙背山森林公园西侧，北起龙潭路，南至 G104 国道，全长约 2.3 公里。融合宜兴陶都特色文化，彰显时代风貌和都市的现代化气息，是一条高品质、深底蕴的迎宾大道，种植高杆染井吉野 300 余株。

苏南硕放机场

苏南硕放机场位于新吴区机场路，是新吴区樱花开花最早的地方。自 2015 起，机场管理单位在资源节约、环境保护、生态养护上不断创新，致力从“绿起来”转变为“美起来”，不间断种植包括椿寒樱、阳光樱、染井吉野等在内的 10 余个樱花品种，数量近 400 株，是名副其实的“最美”机场。

（四）滨水空间应用

伯渎河

位于新吴区伯渎河（锡兴路—312 国道）沿线景观带。透水园路慢道宽 4 米，两侧种植了 400 多株染井吉野，意图打造最美的健身步道，配合步道沿线的各类特色座椅，让市民不仅可以在伯渎河边欣赏南北两岸风景，也可以休憩、停留，享受慢生活。

无锡市体育中心南侧河道

体育中心南侧河道地处无锡市滨湖区太湖大道西段，临河植樱近百株，使用城市水系临水种植方式，为无锡地区首条原生种的樱花景观，以我国原生种尾叶樱为主。该类品种花香，且花期早于染井吉野 5~7 天，因此此地为众多市民早春赏樱“打卡”的必选之地。

（五）校园景观应用

江南大学（蠡湖校区）

位于滨湖区蠡湖大道1800号，落成于2005年，引种樱花20余种，数量300余株，以染井吉野、关山为主，配以松月、郁金樱点缀，樱花景点均成为校园最美的风景，其中以牡丹花和松月樱的配植，在无锡地区影响广泛。

江苏省天一中学

江苏省天一中学为国家级示范高中。校内遍植樱花，环境优美，文化氛围浓厚，素有“樱花校园”之称。自2018年起，学校每年于春分时节举办“校园樱花节”，开展琴箫雅集、诗吟会、樱花祈愿等丰富多彩的校园文化活动，给学生们留下了美好回忆。校园内的樱花种类繁多，尤以早中樱为主，有染井吉野、寒绯樱、山樱花、绿樱、日本晚樱等。

（六）其他应用

微纳园

微纳园位于菱湖大道和吴都路交界处，于西南角区域种植樱花。在长 100 多米的道路两侧有近百株染井吉野，形成“樱花大道”，幽静的樱花大道上建有一个观景亭，四面环樱，赏花人置身其中，可享樱花如雨纷飞的视觉盛宴。

万象城

万象城位于经开区金石路 88 号，于 2014 年建成。临湖及金石路一侧的樱花品种以染井吉野、大岛樱和关山为主，入口广场于 2022 年地铁施工时种植了染井吉野，形成综合体被樱花环抱“包围”的景象。以大剧院为背景的湖畔樱花也是该地区赏樱的亮点。

锡马赛道（樱花跑）

无锡马拉松由中国田径协会、江苏省体育局、无锡市人民政府主办，设有全程马拉松、半程马拉松、迷你马拉松项目，于 2014 年开始举办。赛道途经太湖鼋头渚风景区、蠡湖之光、十里芳径、江南大学、市民中心、无锡大剧院、太湖之星（摩天轮）、贡湖湾湿地公园、无锡太湖国际博览中心等太湖国家级风景名胜区重要景区、景点、城市重要节点和太湖大道、鸿桥路、双虹路、环湖路、高浪路、山水东路、吴都路、信成道、观山路、立信大道、金匮路、和风路、清舒道等风景路，成为全国最具有诗情画意的马拉松赛道。无锡马拉松又称“樱马”，于每年的樱花季节（3 月中下旬）举办，马拉松全线打造樱花跑道，重点打造马拉松起点、终点、重要景观节点，沿线道路连贯性带状种植樱花，以染井吉野为主。

新吴区“樱花城”

为持续优化生态环境，积极改善民生，新吴区大力推进低碳示范园区建设，营造“幸福宜居新城区”和“生态文明先驱园区”，科学规划“生态林、多彩林、休闲林”布局，形成“城在林中、路在绿中、房在园中、人在景中”的大生态、大绿化格局，为大家创造适宜的创业和人居环境。新吴区作为长三角地区“日资高地”，日资已占无锡新区外资总额的 1/3，为此新吴区大力营造“樱花城”。在伯渎河、运河、环太湖、望虞河沿线等城市重要河湖水域，泰伯大道、菱湖大道、干城路、净慧东路、净慧东路等重要道路沿线以及慧海湾生态公园、新城中央公园、泰伯体育公园、大溪港湿地公园等公园游园绿地里，突出栽植多品种、多规格的樱花，努力呈现 “三月春日樱花烂漫、五月春风海棠飘香、十月秋天银杏泛黄、腊月冬雪寒梅盛放”的四季美丽景观，形成具有新区特色的、花团锦簇的“樱花城”，打造多彩生态长廊。

六　太湖鼋头渚山水樱花

（一）太湖鼋头渚山水樱花园

鼋头渚风景区位于太湖国家级风景名胜区梅梁湖景区，其坐拥南犊山东望十二渚，西眺十八湾，近观三山仙岛，以真山真水为基底，远山近水为背景，形成了独特的太湖风光，也是无锡园林中最具山水神韵的近代园林集群区，大文豪郭沫若诗云：“太湖佳绝处，毕竟在鼋头。”而景区中樱花品种众多，花色亮丽，姿态优雅，开花时繁花满树，如云似霞，樱花与山水园林结合，美美与共，更能突显其绚烂壮美的富有特色的樱花景观。

鼋头渚栽植樱花始于20世纪30年代，无锡邑绅杨氏园主在依托鼋头渚“真山真水”建园、筑长春桥的基础上，在桥旁的湖堤上种植了樱花，形成了著名的“长春花漪”景观雏形。1949年后，政府将区域内各近代园林缀连成片对公众开放，园林把樱花作为鼋头渚的特色植物，不断加强樱花的种植应用；特别是改革开放后，景区由园林统一管理，使樱花景观建设进入新阶段。数十年来，统一的规划建设及不断完善，风景区的樱花种植总面积达65公顷，核心赏樱区超过20公顷，形成体系化的樱花特色风景区，成为集观赏、休闲、科研、科普于一体的、著名的赏樱胜地。

鼋头渚的樱花景观建设，强调樱花布局与种植手法，充分利用景区自然山水，根据空间环境异同，以“点线面”相结合的方式在沿湖、林间、山道边栽种樱花，或依楼阁伴亭榭，或临水倚石，或作樱花道。樱花谷内大片种植樱花，结合水系、地形、置石、景观建筑等元素，因地制宜运用群植、丛植、孤植和间植等配植手法，打造出坡地樱花林、临水樱花带、樱花大草坪休闲区等不同风光；中日樱花友谊林以大片的染井吉野为主体景观树种，齐开齐放、磅礴大气，展现植物群体美；十里芳堤、湖山路沿线、充山新大门入口处、太湖仙岛、万浪桥和苍鹰渚等水岸，采用列植、片植樱花，形成了带状湖水樱花景观及观赏氛围。

鼋头渚的樱花景观建设还注重不同樱花品种独特的美，单瓣樱花灿若云霞，重瓣樱花雍容华贵，垂枝樱花婀娜多姿；樱花或为照水花影、花园小景；或广袤花海、野趣山林，可供远眺近观，也能静赏细品，呈现出鼋头渚特色樱花景观的多样性。樱花可仰观、可俯视，可近赏、可远眺，在鼋头渚风景区，可以全方位品鉴不同风格、不同姿态、不同意境的樱花美景，或热闹灿烂，或清幽雅洁，每个人都能找到自己喜爱的樱花景观，留下深刻记忆和浪漫回忆。

鼋头渚樱花配置，以中花期品

种染井吉野为主，将花期相近的品种按花色分片种植，每当开花之际，樱花林呈现红一片、粉一片景观。早樱品种有椿寒樱、河津樱、福建山樱花等，晚樱品种有关山、松月、普贤象、天之川、市原虎尾等，特色品种有郁金、御衣黄等。早中晚樱的合理搭配不仅丰富了鼋头渚樱花品种数量，而且极大地延长了樱花的观赏期。在鼋头渚，从每年的3月初就能欣赏到早樱的魅力，至3月中旬洁白如云的中樱染井吉野绽放，4月中下旬的晚樱盛开，有近2个月的观赏期。景观配植上以樱花为基调树种，搭配山茶、绣线菊、金银花、二月兰等春花地被和灌木，季相上常绿树与色叶树疏密有致，搭配有龙柏、朴树、银杏、槭树等，四季有景，相得益彰，充分体现了江南四季分明的园林特色。

太湖鼋头渚将樱花胜景与湖光山色、园林文化完美融合起来，依托太湖，因景成境，樱花之美与山水之情相映成趣，樱花特色花卉的植入成就山水樱花文化的营造，太湖园林塑造了“山水樱花”品牌的灵魂，造就无锡樱花城的靓丽名片。每到春季，无锡樱花盛放的壮观景象便吸引了无数市民和八方游客，景区适时推出各种以赏樱为主题，以创意、互动、烂漫、休闲为特色的活动，在樱花似海的浪漫氛围中，把一年一度的鼋头渚赏花观光旅游活动推向高潮。

（二）太湖鼋头渚主要赏樱景点

长春花漪

属我国最为经典的传统赏樱景点。位于鼋渚春涛景区，以长春桥及围堤分割太湖，与东面山脚组成内湖空间，沿湖筑桥，桥呈拱形状，桥洞映日。三、四月间，桥堤上数十株染井吉野盛开，花开一片，灿如云锦，桥堤似花廊，置身其间，飘然如临仙境。临水南北建水榭，互为对景，分别题额“绛雪轩”和“涵万轩”，花时驻足，碧波荡漾的湖水中，花枝水影、波泛幽香。罕见的旖旎风光，数十年来曾使多少游人为之倾倒。

具区胜境

“具区胜境”牌坊屹立于长春桥畔船坞处，原为私家园林“横云山庄”的古码头，也即水门，现已成为标志性景点。胜境面临太湖，斗拱飞檐，古朴清雅，水湾静泊一艘七桅罛船。水门、古码头、古船，互相呼应，在花海中时隐时现，乃太湖美景之精华。遥望长春花漪，“乱花渐欲迷人眼”，实为胜境与植物的圆满结合。一旦花谢，阵阵春风，落英缤纷，似雨似雪，清澈湖面飘浮着散落的片片樱花，也是令人遐思的风景。

樱谷流芳

位于鹿顶山西麓与南犊山北麓犊山坞的夹谷腹地中，景区背靠郁郁青山，随坡就势，因地制宜将蹑云阁、繁英轩、淬红亭、樱缘桥等传统园林小品巧妙组合，蜿蜒曲折的流芳涧激活了“樱花谷”，形成绿树红花、碧水相映的美景。在樱花种植上，早中晚樱搭配合理，开花时节，花色亮丽的报春早樱、灿若云霞的单瓣樱花、雍容华贵的重瓣樱花、还有婀娜多姿的垂枝樱花，次第开放，观赏期得到了延长，盛花期可达一个多月，弥补了樱花花期较短的缺憾。“无锡人杰苑”坐落于谷内，雕塑艺术大师吴为山精心塑制的无锡历代人杰青铜雕像坐落其间，为无锡人文历史展示的窗口。在赏花的同时，抚今追昔，让人有别样感受。

樱花友谊林

位于鹿顶山与南犊山间，绵延贯通充山隐秀与鼋渚春涛两个景区。友谊林占地百余亩，属我国首个樱花专类园，专门种植和保存樱花种类和品种。每年春天，不同樱花次第开放。那一枝枝、一簇簇、一片片，红的、白的、粉色的，如轻云，似晚霞。漫步林间赏花游路，享受迷人春光的同时，仔细观察樱花繁多的品种，也可感悟大自然的神奇。

赏樱楼

位于樱花友谊林核心地带，为十字脊、蓝琉璃瓦屋顶的三层四重檐建筑，汉白玉栏杆围绕在台基之上；是以观赏樱花为主题的专类楼阁，为登高俯视樱花的极佳处。每逢花期，登“赏樱楼”，居高临下，眺目四望，漫山遍野樱花似海，如彩似霞，绚丽多姿，蔚为壮观，游人恍如置身于琼楼玉宇仙境，令人心旷神怡。

漕湾樱雨

位于鹿顶山北麓的自然山湾，林木森然，空谷鸟语，蔚然胜景。这里种植多个品种的樱花，以樱花为主题，配以水池、花径、各类花木和休闲草坪，利用园林手法，描绘出一幅春日丽景图。每年 3 月至 4 月，山湾内的樱花盛开，俨然一世外樱花园。

充山隐秀

位于鹿顶山东南山麓，包括水景苑游步道及充山隐秀游步道。此处樱花以早樱和中樱为主，与其他花木组成植物群落，虽多为间植，但绽放时，仍挡不住其独特的魅力，循着弯弯的园路行走，一路疏林碧草，鸟语花香，另有一番景致。

十里芳径（堤）

“十里芳径”为景区内的一条游览主干道，与之平行的是景区外部的环蠡湖交通要道“十里芳堤”。沿路栽植有染井吉野、河津樱、椿寒樱等樱花品种。花开时节，粉色沿湖漾开，一侧芳草菁菁，山林茂密，一侧临湖面水，粉漪氤氲；十里风光，一步一景，营造缤纷的滨河景观效果。沿湖还有樱花元素的跑道，蓝色路面如同太湖的一弯碧水，其间彩绘繁樱点点，白天素雅明静与湖光山色融为一体，夜间又营造出夜樱纷纷、星光点点的氛围。

樱花大道

位于充山隐秀南端的湖山路上，路边列植以染井吉野为主的行道树，现在这些樱花树的胸径已有25~30厘米（其中1株为46厘米，为景区最大）。由这些大樱花形成的樱花路景观极为壮观，樱花开时，满树繁花，温柔的粉白色拥抱整条道路，头顶雪海云天，脚下落英缤纷，车辆驶过，阵阵花浪。

呈“S”形曲折的鹿顶山环山路是登高眺望之通道，多处入口沿路两侧种植的樱花使其成为城市难得一见的“樱花盘山路”。搭一辆游览车缓缓驶入山林，樱花季期间两旁樱花烂漫，透过山林间隙远眺蓝天白云、俯瞰两湖美景，目之所及，满山满坡皆为樱花海洋。

山林赏樱

在登山路的路侧树林中，以间植、点植、片植之形式不规则种植的樱花，一到 3~4 月，远望绵延的山峰山体，苍翠中忽见樱花的粉红和雪白，登山人漫步于林间赏花，闻到淡淡的花香，也情不自禁生出些浪漫的情愫，流连往返。

（三）太湖鼋头渚赏樱攻略

“在你的笔下我也窥见雪山，也听檐下雨落在，某块你轻盈踏过的石上，有风轻喃。

若你向前走着，我只顾跟上撑伞，再越过几座桥，浑不知衣袖已淋湿一半，你一句天色不晚，我就到过真江南。”

——惊竹娇《君不见》

2023 年春，网络流行语“一句春不晚，我便到了真江南”突然爆火，广泛运用于江南地带旅游风景短视频中，吸引了亿万人次来江浙游玩，甚至在 3 月中下旬掀起了春游末班车小高峰。

所谓“江南”，也叫“江南水乡”，没有固定的划分区域，大多指环太湖流域，包括“苏锡常”“杭嘉湖”，即江苏、浙江、安徽等长江中下游以南区域。因四季分明、湿润多雨、气候怡人，自古就以山水秀丽、物产丰饶为名，形成了富裕祥和的江南文化。无锡作为江南水乡特色代表城市之一，地处江苏南部中心，南京、苏州、上海、杭州等大型城市都在其“3 小时交通圈”内，是公认的春天踏青赏花的好去处。

无锡地区种植樱花的历史很久，观赏规模也远超其他以樱花闻名的城市，吸引了很多国内外游客，春季赏樱不知不觉就成了无锡市民踏青活动里的头等大事。

“人间四月天。不入鼋头渚，怎知春色迷人？”无锡第一赏樱地当仁不让是鼋头渚。目前鼋头渚内共有樱花树 3 万多株，樱花的品种也超过一百种，其中不少还是世界上的珍稀品种。除了欣赏绚烂绽放的樱花，鼋头渚还会同期举办丰富多彩的活动，比如一年一度的鼋头渚国际樱花节。网络上关于鼋头渚的游玩攻略众多，这里就不细说了。

鼋头渚樱花的晨赏、日赏、暮赏、夜赏等在不同时辰及不同天气，也有着各不相同而又奇特、壮观、浪漫的赏樱氛围。下面是从一天中的不同时间的角度提供最佳观赏角度的建议。

晨赏樱花

犊山大门直奔长春桥，辗转江南兰苑一带，然后登临鹿顶山，从鹿顶山下来可以去樱花谷，这一路可以看到蓝天下樱花如雪，与长春桥、七彩帆船交相辉映的美景，在鹿顶山上俯看整个樱花谷，如童话世界。

线路建议：

犊山大门 →（步行）[或充山大门 →（游览车）→ 山辉川媚牌坊→（步行）] → 长春花漪 → 具区胜境 →（步行） → 江南兰苑→（步行）→ 鹿顶迎晖（鹿顶山）→（步行或游览车）→ 樱花谷（樱缘桥、樱谷流芳）→ 樱花林（人杰苑、赏樱楼）

日赏、暮赏樱花

充山大门进沿十里芳径步行到鹿顶迎晖，转道上鹿顶山，鹿顶山下来后去樱花谷，最后出来直奔长春桥。这一路最令人心动的是最后一站长春桥，有夕阳、湖水、远帆、古桥、雪樱，光想象已经足以让人心醉。

线路建议：

充山大门 →（步行）→ 十里芳径 →（步行）→ 鹿顶迎晖（鹿顶山）→（步行或游览车）→ 樱花谷（樱缘桥、樱谷流芳）→ 樱花林（人杰苑、赏樱楼）→（步行）→ 长春花漪 → 具境胜境

夜赏樱花

鼋头渚举办夜赏樱花活动，推出全新的“梦幻光影汇”，游客穿梭在核心游览区、樱花谷、樱花林之间，灯光璀璨，樱色迷人。

线路建议：

山辉川媚牌坊→（步行）→ 长春花漪，樱花谷（樱缘桥、樱谷流芳）→ 樱花林（人杰苑、赏樱楼）

水上赏樱精华游线：

鼋头渚码头乘豪华游船 → 浪上飞舟览太湖七十二峰 → 赏长春花漪樱景 → 登仙岛胜境观三山映碧 → 中犊晨雾阅尽孤岛景

鼋头渚最佳拍摄位点

长春桥

位于鼋渚春涛景区太湖畔，拱桥与前后两段桥堤两侧种植着数十株染井吉野。待到三月樱花盛开，桥堤处的樱花飘枝斜向水面，仿佛美人招手。桥上的樱花反而不高，花枝茂密层层叠叠，走在桥上恍惚身临仙境，一时之间不知是人赏花还是花照人，下桥时有人竟以头上夹带的花瓣数量多而为荣。“绛雪轩”和“涵万轩”两水榭南北相对，互为对景，若在这里斜倚栏干歇息片刻，很快便沉醉在这片旖旎风光中。

长春桥

赏樱楼

赏樱楼位于樱花林核心地带，是樱花林内标志性建筑景观，登临赏樱楼，居高临下，眺目四望，漫山遍野樱花花海，是鼋头渚风景区内的最佳赏樱胜境。

赏樱楼

充山隐秀

位于鹿顶山东南山麓，循着弯弯的园路迤逦而行，一路疏林草坪，鸟语花香。此处有一条别致的樱花大道，步行于此，徜徉在樱花丛中，头顶漫天绯红，浪漫感觉妙不可言。

充山隐秀

人杰苑

人杰苑

“请看阳春三月间，无锡人杰赏花开”，人杰苑坐落在樱花林内，赏樱楼旁有无锡从古至今数十位名人塑像及相关文化史料展示。在人杰苑相伴人杰同赏樱花，更有一番怀古抚今的别样感受。

樱缘桥

樱缘桥

在樱花谷内有一座别致小桥，弯曲如虹，通体红色，称为“樱缘桥”。驻足樱缘桥上，仿若置身于樱花的云蒸霞蔚中，而传说恋爱中的男女在樱花盛开的时候一起走过这樱缘桥，就会得到幸福的一生。

漕湾

位于十里芳径后半段的漕湾樱雨。由于附近没有游览车停靠点，这处景观仅在专业摄影师间流传，相比上述几处大热门，这里人迹相对稀少，随手一拍都是美景。一潭碧水，池畔有数棵高大茂密的樱花树，远远望去，一团团粉的、白的，如烟如雾，水面上方一抹飘枝横斜，不高不低，与木质的亲水平台间恰好留出一人高的空余，给游人带来了几分静谧之感。

漕湾

（四）无锡樱花摄影

阳春三月，鼋头渚樱花盛放，江南特有的山水园林造景与繁花们交相辉映，美不胜收，也吸引了众多摄影爱好者们用自己的镜头与光影记录下这个春日鼋头渚最美好的景色。本节甄选省市摄影家协会部分成员作品，从不同视角、不同高度、不同感受，来领略太湖鼋头渚樱花的魅力和风采。

《落樱缤纷》

《春色》

《山水清朗》

《太湖帆影》

《樱花丛中》

《春色迷蒙·人间仙境》

《樱谷秘境》

《花与祝愿》

《帆影》

《太湖夕照》

《舞春风》

《四季长春》

七 樱花文化鉴赏

（一）樱花文化

历史上中国古人对樱属植物有很多称呼，比如含桃、鶯桃、朱樱、山樱、樱桃、崖蜜、麦英等。根据文献资料考证，东周时期便已经开始种植樱树。起初樱桃是皇家贡品，因在春天最早成熟，成为荐春、供奉宗庙的祭品之一，如《礼记》中写到“羞以含桃，先荐寝庙”，《史记》中记载“愿陛下出，因取樱桃献宗庙”。秦汉时期，樱树被广泛栽种于宫苑之中，供达官贵人观赏。魏晋南北朝之后，尤其唐朝，皇室将樱桃作为奖赏赐给朝臣，王维《敕赐百官樱桃》中写到“芙蓉阙下会千官，紫禁朱樱出上阑”，描写了赐食樱桃的盛大场面，樱桃被赋予了尊贵的王权象征。汉唐时期，樱树已经被广泛种植在富商家中。盛唐时期，百姓安居乐业，社会繁荣昌盛，民间还会举办樱花节，众人一起游赏樱花，此时上至宫廷御苑，下至山野田舍，处处可觅樱树的痕迹，营造出繁荣盛世的壮丽美景。

不过“樱桃”不等于“樱花”，虽然也有诗作专门赞美早春樱花的美好，如南朝《早发定山》中“野棠开未落，山樱发欲然”是现存文献中最早写到山樱花的诗句，但中国古人觉得樱属植物的象征意味大于食用价值，而食用价值大于观赏价值。直到唐朝之后，樱果与樱花才有了区分，山樱花和樱桃花都为“樱花”类。这时“樱”不仅作为以荐宗庙的供果或者赏赐达官的名贵水果出现，更是作为自然生灵的代表，从观花观果甚至观叶的观赏角度，体现出了和梅花、牡丹等不一样的青春、热烈的欣赏意象。

樱花热烈、纯洁、高尚，严冬过后，是它最先把春天的气息带给世人，因此樱花也深受历代文人墨客的青睐。唐宋时期更是涌现出大量歌颂赞扬樱树的诗歌，据不完全统计共有700百多首，“樱花落尽阶前月，象床愁倚薰笼。远似去年

今日，恨还同”“何去哀筝随急管，樱花永巷垂杨柳”“别来几春未还家，玉窗五见樱桃花”“小园新种红樱树，闲绕花枝便当游”等咏樱佳句屡见不鲜。由此看来国人喜欢花盛开时的繁盛之美，常以一种积极的心态来欣赏樱花的绚烂。早春时节，繁花盛开，打破了冬日的冷寂，带来春天的气息，象征着生机与活力，给人以希望与力量。

不过樱花的花期很短暂，日本民谚称“樱花七日”，就是说樱花从开放到凋谢大约为 7 天，整棵樱树从初放到全谢大约 16 天，形成樱花边开边落的特点。相比国人，日本人通常更欣赏落樱的悲壮之美，感叹于樱花和烟花一样在最绚烂的绽放时凋零，轰轰烈烈地来，从从容容地去，生命短暂而热烈。每年 3 月 15 日至 4 月 15 日为日本的“樱花节”。花开时节，日本人携酒带肴在樱花树下席地而坐，边赏樱、边畅饮，将此视为人生的一大乐趣。

中国古诗词中描写落花的远不及开花的诗句多，更多的则是表达时光飞逝的惆怅或国破家亡的沉重，“落红不是无情物，化作春泥更护花”就是其中最出名的。

另外有一点和别的国家文化不同的是，国人觉得樱树有没有花都是好的。南朝贵族刘义恭获赐樱桃树，“为树则多阴，百果则先熟”，特意把树种在厅室门口。夏天，樱树上的蝉很吵，也只是让人把蝉粘走。唐朝白居易写有“南馆西轩两树樱，春条长足夏阴成。素华朱实今虽尽，碧叶风来别有情”，也说樱花谢了却有好吃又好看的果子，果子没了也不要紧，夏天到来的时候正好树荫浓密可以乘凉。樱树的好处那么多，春去花谢似乎也就不那么重要了。唐朝有段时间流行折樱桃花枝，“樱桃花下送君时，一寸春心逐折枝”，在樱花正旺、柳叶未展的早春，樱桃花枝代替柳枝行使了离别赠与、传递相思的功能。

樱花之美，兼具盛开时的绚烂和凋零时的浪漫。赏樱是春季最浪漫的事，每年在三月春来之时，层层叠叠的樱花盛开，妆点出一派如云似霞的美好景象，漫步其中，置身花海，扑面而来的是一阵阵浓郁又烂漫的春日气息。人们在欣赏这份美景的同时，也写下了许多描写樱花的诗词，增加了共赏春天的诗意。中国传统诗词中，有许多关于樱花的描写。

朱樱

南北朝　王僧达

初樱动时艳，擅藻灼辉芳。

缃叶未开芷，红葩已发光。

移山樱桃

唐　白居易

亦知官舍非吾宅，且斸山樱满院栽。

上佐近来多五考，少应四度见花开。

酬韩侍郎张博士雨后游曲江见寄

唐　白居易

小园新种红樱树，闲绕花行便当游。

何必更随鞍马队，冲泥踏雨曲江头。

折枝花赠行

唐　元稹

樱桃花下送君时，一寸春心逐折枝。

别后相思最多处，千株万片绕林垂。

二月十五日樱桃盛开自所居蹑履吟玩竟名王泽章洋才

唐　温庭筠

晓觉笼烟重，春深染雪轻。

静应留得蝶，繁欲不胜莺。

影乱晨飙急，香多夜雨晴。

似将千万恨，西北为卿卿。

清东曲

唐　孟郊

樱桃花参差，香雨红霏霏。

含笑竞攀折，美人湿罗衣。

采采清东曲，明眸艳珪玉。

青巾艑上郎，上下看不足。

南阳公首词，编入新乐录。

水龙吟·州北看樱花作，即呈家训、筱蕾吟正

宋　李祁

春风吹彻平原，樱花万顷开无际。

枝头烂漫，堆云叠雪，神仙游戏。

造化无心，偶为东道，豪情无比。

把青山踏遍，晴湖看倦，总一片，欣欣意。

那是春归便已，好留华，与时相替。

轻阴微雨，几番朝暮，旋铺新翠。

又见珠悬，玲珑映日，玉酣红醉。

莫相思，故国天涯同一，是浮生寄。

山樱

宋　文同

岩壁自丛丛，年华寂寞中。

偶因移晓雨，似欲占春风。

嫩叶藏轻绿，繁葩露浅红。

孤根知幸否，从此对雕栊。

奉答白门向远林枉过阙候赠诗

清　毛奇龄

春山十里野樱开，朝采樱花暮未回。
萧寺也知向秀到，蓬门不道远公来。

杂事诗

清　黄遵宪

朝曦看到夕阳斜，流水游龙斗宝车。
宴罢红云歌绛雪，东皇第一爱樱花。

东游杂诗

近现代　连横

如云如雪复如霞，看遍山涯更水涯。
廿四番风谁管领，此行端不负樱花。

樱花落

近现代　苏曼殊

十日樱花作意开，绕花岂惜日千回？
昨宵风雨偏相厄，谁向人天诉此哀？
忍见胡沙埋艳骨，空将清泪滴深怀。
多情漫作他年忆，一寸春心早已灰。

江城梅花引·日内瓦湖畔樱花如海，赋此以状其盛

近现代　吕碧城

搴霞扶梦下苍穹。怨东风，问东风。
底事朱唇，催点费天工。
已是春痕嫌太艳，还织就，花一枝，波一重。
一重一重摇远空。波影红，花影融。
数也数也，数不尽、密朵繁丛。
恼煞吟魂，颠倒粉围中。
谁放蜂儿逃色界，花历乱，水凄迷，无路通。

樱花花下作·其一

清　郑孝胥

非白非朱色转加，微寒轻暖殢云霞。
春风省识倾城态，只在楼西几树花。

曲槛观樱

清　林朝崧

三月樱花时，仙京盛裙屐。
曲槛忽逢春，似作海东客。

七绝·本事诗

近现代　苏曼殊

春雨楼头尺八箫，何时归看浙江潮？
芒鞋破钵无人识，踏过樱花第几桥。

东京杂事

近现代　郁华

树底迷楼画里人，金钗沽酒醉馀春。
鞭丝车影匆匆去，十里樱花十里尘。

樱花

近现代　吕贞白

东邻有佳人，雅致异凡俗。
层层围珠玑，团团锦绣簇。
堪并桃李颜，争向东风逐。
恍如萼绿华，伶俜步芳躅。
雾绡曳轻裾，神光乍离合。
今年花更繁，照海明朝旭。
人间有芝田，却胜蓬山曲。
千里泛仙槎，弱水茫茫绿。

（二）无锡樱花文创

早春樱花烂漫绽放，樱花与文创产品激情碰撞，各类樱花主题文创产品应运而生，走进游客的视野，让游客的春日赏樱活动变得更加有趣。

“文化+”意味着无限创意，无限可能。通过“跨界”，有的将传统技法与新材料相结合，有的在造型和着色中融入现代时尚元素，有的兼具艺术性与实用性，文创产品带着崭新的面貌登上舞台，焕发新的生机。

樱花主题的明信片、包袋、香囊、水杯、抱枕、书签、头饰、手账本、冰箱贴等产品层出不穷，樱花文创产品让樱花正在成为一种消费文化，让游客轻松把美丽的樱花带回家。也有樱花元素的雪糕、糕点、果汁茶饮等美食，让游客品尝春天的味道。

近年来，樱花已逐渐成为各地赏樱景点甚至城市的文化 IP 之一，不少品牌在产品研发、产品包装以及创意玩法上均有创新，希望借助“樱花”这个标签，让更多人了解并热爱一个城市。

在无锡，鼋头渚、拈花湾等景区

深入挖掘“樱文化”，定制樱花文化产品，结合花事品牌推出樱花系列手信产品，引入适应年轻时尚群体的樱花饰品，适合学生、儿童的DIY现场互动体验产品，适应大众口味的樱花美食，以及樱花伞等大众消费品；开发推出樱花酒、樱花明信片、樱花福袋等系列产品，樱花学习用品和生活用品等，与雀巢公司联合推广樱花主题产品；尤其是定制“限定口味”樱花雪糕和樱花风铃备受游客的喜爱，成为“网红”产品。

“鼋渚春樱”系列文创产品概念设计

“樱花之城· 无锡”系列玻璃镇尺设计图

“鼋渚春樱”系列吸水垫设计图

“鼋渚春樱”系列冰箱贴设计图

八　太湖鼋头渚樱花交流与花事活动

（一）樱花交流活动

1. 中日樱花友谊林

鼋头渚中日樱花友谊林的建设起始于 20 世纪 80 年代，中日邦交正常化后，日本友人向无锡赠送了染井吉野花树。1986 年，两位日本友人坂本敬四郎、长谷川清巳共同组织了日本友谊林建设实行委员会后，在鼋头渚风景区开辟建设中日樱花友谊林，引种了 1500 株樱花，并兴建了中日樱花友谊亭，立碑撰文，以此为志。从此，日本民间友好人士每到春暖花开之时便会汇聚鼋头渚，踏青赏花，培土植樱，共叙友情，从未间断过，迄今已连续开展活动 30 余年。该赏樱植樱活动已成为中日民间活动中较有代表性的品牌活动之一，并成为一段中日民间友好往来的佳话，先后有 1.6 万余人次的日本友人来无锡参与植樱和其他友好活动。无锡因此声名远播，誉满东瀛，旅游和经济飞速发展！

自 2014 年起，无锡市友协在全国友协、中日友协、江苏省友协、无锡市外办、无锡市贸促会、无锡市文旅集团、无锡市鼋头渚风景区和日本国驻上海总领事馆、相关机构及地方政府办事处的支持配合下，将以植樱为主的单纯性中日民间交流活动扩大为围绕植樱、赏樱开展的中日地方民间文化、旅游和经贸综合性交流活动，发动包括原中日樱花友谊林日方民间组织人员和无锡周边地区日本常驻人员共同参与，并命名为“无锡国际赏樱周”。“无锡国际赏樱周”活动举办期间，既有传统的中日樱花友谊林植樱活动，又有中日民间组织共话友好、日语演讲比赛、中日音乐展演等多层面交流，并通过日本国驻上海总领事馆组织举办了展示花道、茶道和日本传统服饰等日本文化的活动，鼋头渚风景区还开发了夜赏樱花、水上赏樱等旅游新项目，初步实现多层面、多渠道的广泛交流与合作。

在 2017 年无锡国际赏樱周暨中日樱花友谊林建设 30 周年纪念活动

中，有全国友协、中日友协、江苏省友协和无锡市领导，日本国驻上海总领事馆、日中共同建设樱花友谊林保存协会、日中樱友之会、日本贸易振兴机构上海代表处、日本国家旅游局上海事务所、日本樱花会、日中未来创想会、中日文化经济交流协会、上海日本商工俱乐部、无锡日商俱乐部的代表，以及日本友城代表、上海和无锡日资企业代表、“无锡旅情”演唱者尾形大作等，举行中日樱花友谊林建设30周年纪念石刻揭幕仪式，新栽樱花树仪式，赏樱周开幕式及中日文艺表演，日本传统音乐演奏、日本茶道文化表演、日本商务礼仪讲座和日本动画电影赏析等日本文化展示活动，日本地方政府旅游、物产及品牌展和多领域交流恳谈会。无锡市政府还授予30年前倡议建设中日樱花友谊林的日本友人坂本敬四郎和长谷川清巳“特殊贡献奖”，并授予30名对中日樱花友谊林建设做出突出贡献的中日双方友好人士“樱花使者”称号。

在2021年无锡国际赏樱周暨中日樱花友谊林建设34周年纪念活动期间，来自意大利、美国、英国、巴基斯坦、南非、苏丹、玻利维亚、印度尼西亚等国的外籍友人来锡共赏浪漫樱花，还举办中日企业合作座谈会、新发展格局下会展目的地建设大会、第十届手工纸世界风光摄影展暨无锡首届中日民间书画艺术交流展等一系列经贸文化交流和旅游活动。共有46个合作项目在开幕式上签约，涉及国际赏樱城市友好组织、民间友好团体、友好学校和经贸合作四大类。

2021年3月25日，在慧海湾生态公园举行无锡国际樱花友谊林开园仪式，目前樱花种植总面积达106万平方米，有20余个品种，数量4500余棵，将构建繁樱骑游区、核心赏樱区、湿地体验区、乐活运动区、水岸风光区等“五大赏樱区”，并与鼋头渚呼应，形成“西有鼋头渚、东有慧海湾”的赏樱格局。来自日本、德国、丹麦等国家和地区的200多名嘉宾参加了开园仪式，见证并续写无锡国际友谊新篇章。

2. 中日樱花交流大事记

1983 年

11 月中旬，牛山纯一社长带领日本映像记录中心护送樱花小组一行 4 人访锡，赠送樱花苗 600 株，在充山苗圃举行移栽仪式。

1986 年

坂本敬四郎与长谷川清巳等日本友人组织成立日本友谊林建设实行委员会。

1988 年

2 月，日方第一批樱花友谊林建设友好访华团（简称访华团）访锡。

3 月 1 日，无锡市友协与日本友谊林建设实行委员会共同设立樱花纪念碑。江苏省友协、无锡市政府、无锡市友协等领导嘉宾出席庆典活动，坂本敬四郎与长谷川清巳等 420 位日本友人参加植樱活动。

1989 年

400 余位日本友人在春季前来参加植樱活动，与无锡园艺人员一同全面实现植樱造林目标。

1990 年

4 月 13 日，庆祝中日樱花友谊林第三期工程竣工大会在市人民大会堂举行。

1992 年

4 月 13 日，坂本敬四郎先生率领日本第五批访华团 1115 人访锡，庆祝中日樱花友谊林竣工两周年。

1993 年

立中日樱花友谊林巨型石刻。

1996 年

4 月，日本樱花专家宫泽来锡指导，开展为期一周的樱花品种鉴定、繁殖、栽培管理等方面的讲学培训。

2000 年

4 月 18 日，日本第十三批访华团来锡，参加中日樱花友谊林竣工 10 周年大会庆祝活动。

2005 年

4 月 5 日，日本第十八批访华团来锡，参加中日樱花友谊林竣工 15 周年大会庆祝活动。

2006 年

春季，举行盛大庆祝活动，纪念樱花林开建 20 周年。

2010 年

3 月 26 日，“樱花谷”建成开园，景区樱花林成为国内最大的樱花观赏区之一，面积达 65 万平方米。

6 月 24 日，日本日中共同建设樱花友谊林保存协会会长新发田丰率领访华团参加中日樱花友谊林竣工 20 周年大会庆祝活动。

2011 年

6 月 11 日，东京合金铸造工业协同组合举办研修事业十周年纪念植树活动。

2012 年

3 月 30 日，日本著名歌唱家尾行大作到访景区樱花林。

3 月 31 日，日本日中共同建设樱花友谊林保存协会会长新发田丰率领访华团参加中日樱花友谊林建设 25 周年纪念活动。

2014 年

3月29日—4月4日，首届无锡国际赏樱周创新举办，交流活动涵盖国际性地方民间交往和经贸交流。

2015 年

3 月 28 日，日本国驻上海总领事小原雅博、日本日中共同建设樱花友谊林保存协会会长新发田丰率访华团参加第二届无锡国际赏樱周活动。

2016 年

3 月 24 日—25 日，日本国驻上海总领事、日本樱花会三代樱花女王等日本友人参加第三届无锡国际赏樱周活动。

2017 年

3月27日—4月2日,日本国驻上海总领事片山和之、日本日中共同建设樱花友谊林保存协会会长新发田丰及日本民间植樱团体成员、无锡周边地区日企代表、中日青年组织成员等共 300 余人出席无锡国际赏樱周暨中日樱花友谊林建设 30 周年纪念活动,并立中日樱花友谊林建设 30 周年纪念碑。

7 月 21 日，日本笠悬株式会社总经理大桥利一一行十余人参观中日樱花友谊林，捐赠樱花苗木树木管理费 20 万日元，共祝美好愿景。

2018 年

3 月 28 日，举行无锡国际赏樱周暨中日樱花友谊林建设 31 周年纪念活动。

2019 年

3 月 26 日—4 月 1 日，700 余位嘉宾出席无锡国际赏樱周暨中日樱花友谊林建设 32 周年纪念活动开幕式。

2020 年

3 月 19 日，无锡市人民政府领导、无锡援鄂医疗人员、无锡防控基层、社区工作人员，以及日本日中共同建设樱花友谊林保存协会会长新发田丰等嘉宾共同参加 2020 太湖鼋头渚樱花季线上云开幕式。

2021 年

3 月 25 日，举办无锡国际赏樱周暨中日樱花友谊林建设 34 周年纪念活动开幕式，日本日中共同建设樱花友谊林保存协会会长新发田丰发表视频致辞。

2023 年

3 月 21 日，举办 2023 无锡国际赏樱周暨中日樱花友谊林建设 36 周年纪念活动开幕式及 2023 无锡“国际月”暨国际赏樱周文化交流活动。

（二）樱花花事活动

无锡太湖鼋头渚风景区始建于1916年，面积达5平方公里，是国家5A级旅游景区，因巨石突入湖中形状酷似神龟昂首而得名，郭沫若诗赞："太湖佳绝处，毕竟在鼋头。"景区内有山长水阔的自然山水，绿树人家的山乡田园风光，古朴典雅的江南园林景致，历代名人雅士来此游踪、石刻、书画，形成诸多内涵深厚的文化积淀，构成以天然山水为主、人工点缀为辅的综合性、多功能风景旅游胜地。

春风吹雪，山水樱花。鼋头渚的樱花种植可追溯到20世纪30年代，纺织同人为杨氏园主祝寿而在长春桥畔种下的第一批樱花。20世纪80年代，为增进中日友谊交流，景区与日本民间友好团体在景区鹿顶山麓共同建设了中日樱花友谊林，并于2010年开始建成开放"樱花谷"。经过不断的开发和改造，赏樱楼等建筑也陆续建成，游人可从高处俯瞰樱花，樱花节期间，如同花的海洋，3万多株樱花树共同绽放，如云似霞，樱飞漫舞，落英缤纷，美不胜收。景区以樱花种植品种最全、数量最多、历史最久、范围最广的核心优势被誉为"中华赏樱胜地"。

为深化打造"中华赏樱胜地"品牌，景区自2003年开始，每年举办一次花事活动，活动一般从3月初持续到5月初，贯穿鼋头渚樱花花期。多年来，太湖鼋头渚风景区在保留传统项目的同时，创新形式，与时俱进，力争推陈出新，多元共赏，着力举办各项竞技互动项目，演绎精彩纷呈的节目表演。在花事活动期间，景区以古典文化的传承和现

代元素的碰撞为契机，致力于推广中国优秀传统文化，逐步探索樱花新势能，强化与传统文化的联结。同时，景区践行以人为本、以史为鉴的原则，积极响应国家号召，履行5A级景区担当，多渠道吸引潜在游客群体，多维度打造景区品牌形象，充分展示“太湖明珠·江南盛地”无锡旅游新形象，最大层面地展现中国樱花的独特魅力，逐步将中国樱花文化推向世界。

“山水樱花”的新篇章在21世纪的鼋头渚以焕新之姿昂首阔步，以春日赏花为契机，花事活动为载体，在推动“樱花人文”发展的同时，传承文化之光，迈步振兴之路，让更多游客走入鼋头渚，体会百年园林的传承与创新。

1.2014 年太湖鼋头渚国际樱花节

活动从 3 月 10 日持续至 5 月 3 日。景区逐步以江南特色文化融入樱花谷的改造中，力争将樱花谷打造成真正的“中华第一赏樱胜地”。

鼋头渚风景区隆重推出鼋头渚樱花夜公园活动。在营造闲逸赏樱氛围的同时，融艺术与娱乐于一体，以“粉色柔情花季，朝朝暮暮赏樱”为主题，汇集各类精彩纷呈的主题文化活动，用奇幻斑斓的彩灯、如云似霞的樱花林为游客奉献一场梦幻唯美的夜赏樱花盛宴。

多样化赏樱互动

游客在沐浴春风，尽情赏樱之余，还能邂逅一系列鼋头渚樱花节主题活动：申报吉尼斯世界纪录的世界纪录·与你共创——万人齐跳樱花舞，场面壮观；樱为有你——大型中国传统汉唐婚典，展示雍容典雅的浪漫情怀，百对身着汉唐古装的新人演绎中国古代传统婚礼大典，衣袂飘飘，人面樱花，赏心悦目，自成风景；首届樱鼋杯 cosplay 全国邀请赛，各路高手亮相舞台，悠游花丛，还原传说中的传奇人物造型，分外抢眼；盛花时节，樱花宝贝大赛的数百名樱花宝贝选手展示才艺，在花开的季节，亮出花开的声音，展示花开的姿态，为樱花节平添清新活力。

全方位赏樱角度

清晨赏樱薄雾氤氲，娇柔粉嫩；白日赏樱灿若云霞，落樱缤纷；薄暮赏樱落霞齐飞，渔舟唱晚。

夜间赏樱则有着不同惊喜，为了给游客提供全方位、全天候的赏樱条件，鼋头渚风景区从 3 月 28 日至 4 月 7 日首次推出樱花夜公园。在樱花夜公园开放期间（16:30—21:00），营造出梦幻的灯光效果，绚丽多彩的夜樱成为游客争相一睹风采的新目标，满足了游客“朝朝暮暮赏樱”的浪漫情怀。得天独厚的山水与景区精心布置的灯光下，夜樱如梦似幻，暗香浮动，千娇百媚，如影随形，让游客流连忘返。除此以外，还定时播放露天电影，流光溢彩，如梦如幻，让游客体验光与影的交织，真实与梦幻的碰撞。

2.2015 年太湖鼋头渚国际樱花节

活动从 3 月 10 日持续至 4 月 15 日。太湖风光旖旎、灵动秀丽，樱花妩媚浪漫、娇艳唯美，两相得宜，不禁叫人尽情倾吐对春天的美好愿望。

鼋头渚风景区以“浪漫樱花柔情，染尽鼋渚春色”为主题，全新改造樱花谷、赏樱楼、充山隐秀游步小道三个景点。在樱花风铃装饰的环境氛围里，樱飞曼舞，“铃”动太湖，鼋头渚风景区成了赏樱、赏乐的独一无二之地。

微风铃声轻轻响，樱花树下声声动，同时景区精心筹办樱花光影秀、汉唐婚礼秀、樱花宝贝大赛、cosplay 秀、曼妙旗袍秀和明星蜡像秀六大秀为新亮点。

樱花光影秀：景区用灯光打造绚丽彩虹隧道，游人穿行其中，只觉惊奇动感。通过 LED 灯投射模拟樱花飘落、荧光跑道、莲花河灯放飞等特色项目，让人耳目一新，流连忘返。

汉唐婚礼秀：景区举行中国传统汉唐集体婚礼，把樱花的浪漫与中国古老传统相结合，创新樱花节经典活动文化品牌。新人身着雍容华服，在满园春色中满面荣光，喜悦之情感染了所有游客，是本届樱花节最大亮点。

樱花宝贝大赛：参赛对象为 3 至 12 周岁的幼儿，通过多项环节评选出“樱花宝贝”。活动为孩子们提供了才艺展示的平台，也为家长提供亲子交流、全家一起出游的机会。活动逐年扩大影响力及规模，长三角地区越来越多家庭加入，更多家长想让自家孩子成为“樱花宝贝”。

Cosplay 秀：景区与完美世界达成长期战略合作，众多角色扮演者在樱花树下演绎各种角色，新颖独特，群英荟萃。为樱花节注入新鲜血液，呈现国内同类活动的王者风范。

曼妙旗袍秀：看旗袍风韵，享江南生活。在樱花树下，美女们身着各式各样的旗袍走秀，让游客在深入了解旗袍文化的同时，感受江南的温婉与柔情。

明星蜡像秀：在赏樱楼一楼的樱花蜡像馆中以电影《浪漫樱花》为主景，展现电影名人，如郭富城、张柏芝等明星蜡像，吸引更多游客拍摄留影。

以樱花为契机，无锡市首届“爱音乐，爱生活”草地音乐节在“光影秀”樱花树下举办，邀请以民谣和流行风格为主的音乐艺人现场表演。挖掘江南地区具有特色的音乐人，尤其是无锡本土音乐人参加，让游客在休闲度假的同时，也能感受江南吴侬软语的文化魅力，打造鼋头渚夜赏樱花旅游名片。夜幕降临，漫步在樱花树下，看绚丽灯光点亮满园樱花，辅之以旋律抒情优美的江南丝竹，真有流水锵然，群花攒拥，疑非尘世之感。

3.2016 年太湖鼋头渚国际樱花节

活动从 3 月 10 日持续至 4 月 20 日。适逢建园百年华诞，作为“世界三大赏樱胜地”之一，太湖鼋头渚风景区樱花节期间的活动精彩纷呈、生动有趣，结合樱花谷内 3 万多株樱花盛开的景观，为市民游客带来奇特、壮观、浪漫的赏樱氛围。

传统活动再创新高

第二届“樱飞曼舞”——万人齐跳樱花舞在3月12日、13日举行。这项活动曾在 2014 年创造吉尼斯世界纪录，此次活动携手各大旅行社，让每一位团队游客参与进来，为游客带来声势浩大、蔚为壮观的欢乐樱花盛宴。

第二届帐篷露营节在 3 月 26 日夜间登场。由江苏交通广播电台在全省招募、组织听众和粉丝齐聚樱花谷、樱花林区域，在樱花树下搭建帐篷露营，举行大联欢。露营开始前，各家庭上交手机、平板电脑等数码产品，主持人组织家庭进行读书、赏樱、茶饮等文化活动，倡导大家“离开手机，亲近自然”。

第三届太湖鼋头渚国际动漫节在 3 月 26 日、27 日举行。景区利用樱花和动漫元素贴合的契机，每晚邀请数位一线角色扮演者“大咖”现场签售海报，并配动漫音乐及表演和限量版动漫周边大赏。活动吸引了中外动漫爱好者和青少年群体，不仅扩大了粉丝覆盖面，而且多维度打造了鼋头渚的品牌形象，让园区变得更加年轻。

新式体验燃动游园

樱花雨空间活动首次登场。3 月 12 日—4 月 17 日，景区引进感知樱雨屋。引爆伦敦 Barbican、纽约 MoMA 观展热潮的雨屋来到无锡。樱花雨空间是集艺术、人文、科技、环保于一体的大型互动装置作品。雨屋融合浪漫与超现实，观众通过艺术感知生态变化，感受每一处微小互动，体验一场不被淋湿的浪漫樱花雨。

首届“最美樱花使者”暨全国十大校花评选活动在 3 月 19 日举办。在全国各大高校范围内持续近 1 个月的高校海选，评出的 25 位校花汇聚樱花谷主舞台，通过各类才艺展示选出最美樱花使者，游客在赏樱之余，还可一睹当代高校学生健康、美丽与智慧的青春风采。

在鼋头渚百年华诞之际，樱花节特别推出百年鼋头·共赏樱花——樱花美食村活动。活动期间，来自各地的美食汇聚樱花美食村，游客可在赏樱之余品尝各种风味特色小吃及异域美食，在樱花绽放，轻舞飞扬中享受边逛边吃的乐趣。

4.2017 年太湖鼋头渚国际樱花节

活动从 3 月 1 日持续至 4 月 23 日。景区在优秀活动的基础上特别加入新鲜赛事，以“‘樱’为有爱，‘鼋’定今生”为主题，同时加大对外宣传，吸引周边城市及相邻国家的游客。

个人比拼，活动创新

鼋头渚风景区在总结前几年成功举办樱花节活动经验的基础上，以打造“太湖第一名胜，中华赏樱胜地”的最佳旅游体验为宗旨，在延续团体活动的同时，开创个人竞技类比赛——首届中国·太湖“鼋渚春涛”诗歌会。无锡位于太湖北部，春天的无锡又多东南风，太湖无日不起浪，所以“鼋渚春涛”声势浩大，蔚为壮观，位列无锡十八景之首。在樱花节期间，诗歌朗诵大赛与春日的鼋渚涛声相得益彰，诗歌朗诵不仅将樱花元素大比例地融入内容，而且将景区传统特色加入创作，视觉和活动效果都是整个樱花节期间的一大亮点！

举办首届樱光夜跑，参与人数破千，跑道设在环鼋头渚风景区的樱花大道，全程 7.6 公里。选手闻枪开跑，沿途花树林立，伴随清甜花香，选手们戴着荧光手环，身穿荧光T恤，奋勇争先，夜色朦胧中点点荧光跃动成河。前 10 位完成鼋头渚樱花节赛段者，由各领导颁奖并赢取品牌跑鞋 1 双。

本次活动前期首次开展线上宣传评选活动，通过线上报名、情侣投稿、网友投票，最终甄选出一百对情侣，随机抽选名次靠前者赠与第一季夜宿鼋头渚以及音乐会套票。

资源整合，加大外宣

景区与无锡广电联合打造的公益品牌活动——第五届樱花宝贝大赛在 3 月 19 日晚举行。在无锡赛区的基础上新增苏州、常州赛区，辐射周边城市，让更多市民朋友参与到活动中，让更多的参与者成为樱花使者。孩子们在樱花树下才艺大比拼，景区成为长三角地区标志性的亲子平台。

花事活动期间，景区联合创意公司独家设计鼋头渚吉祥物造型，寄予美好寓意，传递美好愿景。鼋鼋、牛牛、鹿鹿三个吉祥物正是构成鼋头渚特色版块的三宝，在拉近与游客距离的同时，也传达了鼋头渚百年人文底蕴。

5.2018 年太湖鼋头渚国际樱花节

活动从 3 月 1 日持续至 4 月 22 日。樱花绽放，轻舞飞扬，期待已久的樱花季如约而至。游人或漫步林间，或登临鹿顶山，看山谷樱花堆云叠雪，蔚为壮观，赏太湖夕照七桅帆船，随波荡漾。

花事活动华丽开启，精彩纷呈，景区以“春暖中国，花开太湖”为宣传口号，总结之前的成功经验，取其精华，推陈出新，致力使景区在春季赏花线路中独占鳌头，让游客在赏樱之余感受到别具一格的游园之乐。

品牌活动齐亮相

第二届樱光夜跑继续作为鼋头渚的一张名片，以时下大热的运动模式作为载体，乐跑、爱跑者齐聚樱花谷，让跃动活力的氛围点亮沉闷的夜。

第三届最美樱花使者评选拉开帷幕,当代大学生展现着青春的风采，传递着蓬勃的朝气。大学生阳光向上的姿态与浪漫美丽的樱花相互融合，交相辉映。活动兼容了文化娱乐概念，演绎时尚风采。

第四届万人齐跳樱花舞盛大启动，以“老活动，新花样”为追求，在基础的操式中再融入流行特色，领舞人数相应增加，让老中幼各个年龄段的游客都能跳得开怀，舞得自在。

第六届樱花宝贝大赛进一步改进完善，在各项环节中加强亲子的合作交流，注重儿童的创意发展。以周边城市少儿选秀为契机，吸引更多游客加入。樱花树下，欢声笑语，其乐融融，这一份难忘的回忆是鼋头渚送给每一个家庭最真挚的礼物。

创新项目初登场

首次推出樱花茶会和樱花文化音乐节，于 3 月 23 日晚与夜赏樱花同时启动，以茶会友，以乐衬景，赏樱品茗，怡然自得。

樱花茶会通过茶艺演绎的形式全方位展示樱花的色、香、味、形，让游人在赏樱之余，还可静静品味春日里慵懒闲适的慢生活。而樱花音乐节则包括樱花音乐会、夜樱市集、赏樱美食节等一连串子项目，着重于传承、艺术、创新、交流，保留传统樱花节活动的同时又延续当代艺术特色，创新形式，创意互动，开创全新赏樱模式，为樱花节增添新的文化内涵。

与此同时，全新的 IP 合作为樱花节增色不少，时下流行的刀刀狗以简单的线条、灵动的神态、深度的配文吸引一大波受众。景区创新旅游 IP 运营新模式，集樱花文化和无锡风情于一体，将文化艺术与自然风光相结合，妙趣横生，乐趣无穷。

6.2019 年太湖鼋头渚国际樱花节

活动从3月1日持续至5月1日，景区依托太湖山水风光，推广鼋头渚“山水樱花”特色产品，以“春暖中国，花开太湖”为主题，打造“山水樱花”品牌。

升级传统活动，实现持续发展

景区针对万人齐跳樱花舞、樱花宝贝大赛、樱花“女神”评选、樱光夜跑等传统活动进行多方位升级。在原有的基础上，以更广泛的受众范围，更庞大的参与人数，更全方位的市场覆盖为目标，进一步丰富活动内容。

万人齐跳樱花舞由樱花“女神”引领，配合漫天飞舞的浪漫樱花雨，为游客营造出唯美的舞动氛围。樱花宝贝大赛与樱花“女神”评选较往年进一步扩大参赛范围，前者覆盖整个江苏，多个城市同步进行；后者的范围则扩大至全球，吸引外国友人的参与，提升国际影响力。

注入热点元素，推出全新项目

樱花“女神”评选大赛融入民国元素，将中国旗袍文化与鼋头渚樱花文化相结合，吴越美人节还诚邀游客花下共舞，描画美丽樱花妆。樱花烂漫，美人婀娜，浪漫樱花雨下，盘髻簪发，点眉描眼，翩然起舞，在粉色世界中尽显吴越美人的曼妙仪态。

3月23、24日连续两天举办樱花动漫节，在赏樱游园氛围中加入二次元文化，达到虚拟与现实相互碰撞的效果，推动鼋头渚樱花进入更为年轻的特定群体。动漫节现场邀请前ChinaJoy全国亚军、2018年ChinaJoy上海赛区冠军、知名斗鱼主播等高手参与才艺表演大赛，吸引年轻游客群体的目光，还邀请日本艺人参与，进一步提升国际化程度。

在夜赏樱花期间，更有绚丽烟花秀持续演绎，让游客尽情沉浸在美妙的光影、花海之中。3月26日晚，表演人员身着56个民族的特色服装，奏响鼋头渚樱花鼓舞，邀请在场游客一同参与，合唱《我的祖国》，共庆祖国七十华诞，游客伴着激情的曲调，尽情欣赏满园盛开的繁樱。

紧贴时代热潮，2019年樱花节期间，推出鼋头渚首届抖音大赛，利用当下新颖的音乐创意短视频社交软件——抖音为樱花节线上造势，唱响“樱花之歌”，吸引年轻人的目光，以积极热情的方式实现鼋头渚山水风光、樱花盛景、精彩活动的多元呈现，开启全新的赏樱模式。

7.2020 年太湖鼋头渚国际樱花节

活动从 3 月 18 日持续至 5 月 5 日。以“山川异域，两地同心，樱花浪漫，春满锡城”为主题，首创网络云开幕式，特设计线上和线下相结合的方式，为后续各大景区活动筹备立下了标杆。

云赏樱花，线上联动

鼋头渚樱花节期间，景区开通线上赏樱专栏，以高频次的实景图片、视频更新进行花情播报，以动态化的呈现第一时间推出鼋头渚樱花盛况，通过便捷的线上赏樱方式，方便外地游客，满足不同需求，最大化推广鼋头渚樱花的品牌形象。

在保留樱花“女神”大赛品牌活动的基础上，改变比赛模式，以“‘女神’云赏樱”“网络直播秀”为主要形式，同时加入樱花季视频 PK 赛，让樱花爱好者积极参与到活动当中，在线上观赏、体验“山水樱花”的壮美景观和文化的同时，也成为鼋头渚“山水樱花”品牌的宣传大使和参与者。

多点呈现，互动游园

景区推出“水上赏樱”精华游、观光车赏樱专线、摇撸船赏樱游等品牌项目，以水、陆两种方式带给游客不同赏樱视角，打造别样的旅游体验。同时，“车在花中行，人在景中游”的游览体验更推广了鼋头渚“山水樱花”品牌，强化鼋头渚樱花季的多点呈现、多样体验。

夜赏樱花期间将科技融入活动，配合主题融入虚拟樱花景象，通过声光电，推出“花之初、花之繁、花之末、花之舞”夜赏樱花四部曲，虚实结合，以互动舞台收尾，增强游客赏花乐趣。

8.2021年太湖鼋头渚国际樱花节

活动从3月10日持续至5月5日。鼋头渚风景区在中国传统文化复兴的课题上进行樱花品牌打造。

在樱花节期间，推出以盛唐文化为主题，涵盖多种中国元素的樱花特色活动，从演艺、戏曲、书画等角度切入，进一步赋予鼋头渚樱花更多的契合元素，丰富“山水樱花”品牌内涵，展示中国樱花文化的独特魅力。

花间访古，推进传统展特色

古往今来，朝代更迭，唐朝文化遗世独立，风姿灼灼。2021年，鼋头渚樱花节活动采用多种古风形式，还原盛唐纵情之景。景区设置“花林访古”打卡点，游人身着飘逸灵动的汉服，漫步花林之中，吟诗作对，把酒言欢。绛雪轩举办“樱园百戏”，越剧和黄梅戏中经典桥段轮番上演，唱腔宛转悠扬，表演生动精彩，唱念做打与娇柔樱花相映成趣，别有一番风味。

赏樱楼下“盛唐樱舞”精彩绝伦，樱花舞者仿唐朝妆容，用花钿、妆靥饰面，舞姿曼妙，举手投足之间尽是风韵。

2021“中国樱·中国情”——无锡太湖鼋头渚国际樱花节名家邀请展在赏樱楼一层展示厅拉开帷幕，展览汇集各家之作，以墨香为引，用书画点睛。

夜游创新，探索樱花新势能

鼋头渚风景区以成为世界知名景区为目标，通过采用新媒体技术助力樱花走向世界。在樱花节期间，景区大规模提升灯光亮化效果，在原本实景呈现的基础上，营造部分虚拟环境，利用数字媒体技术，打造全新的科技娱乐互动体验项目——“幻樱之夜”。在影像交织中，樱花仙子分享奇妙故事，配合“国潮樱乐”巡游加快闪的模式，游客与樱花仙子共舞，营造全方位、多层次的视听盛宴。

樱花节的活动设置创新内容，采用场景式的定点表演来丰富游客的游园体验，活动现场则以景区的天然景观替换舞台背景，打破传统界限，增强游客的参与感。通过试点“国潮樱乐”，串联樱花谷入口至主舞台区域，尝试樱花谷全区域夜赏开放，增加游客的互动性和体验感。

9.2022 年太湖鼋头渚国际樱花节

活动从2月28日持续至5月4日。景区强化对夜游项目活动的打造，并且不断丰富短视频、直播等电子传播媒介，增强游客互动体验。

樱花节期间，鼋头渚风景区以文化传承和碰撞为引导，以“春暖中国，花开太湖”为主题，推动“樱花人文”发展，加快“樱花系列”产品融合，丰富“樱花旅游”游客互动、布局宣传推广矩阵，打造樱花节活动。

推动“樱花人文”发展

中国文明源远流长，华夏大地琳琅瑰宝，古有琴棋书画诗酒花，本次活动以花为媒，从器乐、舞蹈、书画、美食、文创等多种角度最大层面地展示中华文化的独特魅力。景区推出线上娱乐的花笺礼、换装打卡的汉服游园会、中西特色演艺的暖春音乐会、文艺复兴的国风大集、笔墨生香的书画展览等系列活动，将中国古典美学与当下大众喜闻乐见的娱乐活动相结合。

丰富“樱花旅游”互动

“打卡”“出片”“国潮”是时下新兴热词，景区在樱花谷灯光整体提升亮化的基础上，加入雾森系统，营造梦幻的夜赏樱花氛围，为游客打造出更多的特色“打卡”景观，将赛博国潮元素引入夜游品牌，把握时尚热潮，体现鼋头渚全新的活力。

樱花谷主舞台区域设置标志点位——巨大云立方，让游客在游览观光之余还可上传精美照片实现交流互动。

布局“云赏樱花”宣传矩阵

景区在花事活动期间不断丰富网络传播媒介，通过多种渠道同步推进“樱花云互动”体验，推出“抖樱新无锡”短视频大赛，以线上活动强化游客的互动参与感。同时持续曝光景区花事盛典，在全平台高频率更新强策划、强剧情、强技术的宣传视频，让全国游客即使在无法到达景区观光的情况下，依旧可以欣赏鼋头渚樱花美景，持续加深游客印象，使鼋头渚“山水樱花”品牌深入人心。

以文促旅，以旅兴文，在推进文化复兴之路同时，景区通过丰富的花事活动，充实鼋头渚“樱花人文”内涵，更传达“天下同心，春暖花开时，战疫终将胜”的美好祝愿。

10.2023 年太湖鼋头渚国际樱花节

活动从3月1日持续至5月3日。景区重磅推出一系列大众喜闻乐见的“山水樱花”品牌休闲旅游活动，同时着重实施基础设施和景观提升工程，从时间和空间上延长赏樱游线。樱花节期间不仅实现了湖岸线景点景观的亮化，创新推出水上夜游产品，成为无锡城市“夜经济”的一大亮点，而且持续建设游客休闲旅游新地块，推进了鼋头渚“文旅+”项目的发展，多样化地满足游客对春樱的期待、牵念和喜爱之情，续写“世界级赏樱胜地”的新篇章。

在文旅大融合的背景下，鼋头渚风景区在樱花节期间以“鼋定锡城，樱为有你”为主题，在以“花”会友的基础上，拓展以“戏”会友、以“画”会友、以“乐”会友和以“跑”会友。

以“戏”会友

联合乌龙剧团推出现代高跷与现代木偶为基础的奇趣、活泼的小剧场，樱花谷里，笑声和樱花一起绽放。

以“画”会友

举办“三人行——顾青蛟、许惠南、蒋循国画作品展”，展示以江南特色风景、无锡园林和太湖鼋头渚风光为主题的画作，艺术与生活交织于赏樱楼一层集中展示，陶冶大众情操，提升文化品味，丰富精神内涵。

以“乐”会友

华灯初上，流光溢彩，Pink 音乐节中悠扬的音符在花瓣上跳跃，歌缓缓，语低低，蒙面舞者登场，打开夜樱 disco，夜公园又瞬间成为热情奔放的欢乐海洋。

以“跑”会友

夜跑参赛者佩戴蓝色荧光手环，仿佛夏夜跃动的银河，星星点点汇

成一道靓丽的夜樱风景线。

鼋头渚和蠡园景区、蠡湖水域合作共赢、谋求发展，不仅开展“樱桃之恋”竞技赛，集跑步、皮划艇、竞走三项运动为一体，线上更联合推出了“樱桃之恋”无锡市新媒体原创作品大赛暨摄影比赛，邀请全民参与，加大联动造势，进一步助推“樱桃之恋”品牌宣传。

此外, 2023 年更突出异业合作的模式, 与支付宝出行定制推出赏樱专属皮肤, 通过数字藏品概念, 低成本、高频率、有效传达鼋头渚目的地形象。与美团联合打造“百名骑手齐赏樱花”项目宣传, 定制鼋头渚樱花箱贴、头盔饰品、外卖随附宣传卡片等物料, 通过骑手每日在城市中穿梭的身影以及和用户面对面的接触机会, 深化加强市民对鼋头渚樱花节的认知和印象。

九　国内其他著名赏樱胜地

我国近年来对樱花的引种和应用力度越来越大，各地均出现了大规模的樱花专类园及赏樱胜地，主要在昆明、龙岩、重庆、成都、长沙、武汉、南京、无锡、上海、郑州、北京、青岛、大连等地，春季赏樱也成为国内重要的赏花活动。

昆明圆通山

圆通山位于昆明市中心偏北，具有悠久的植物栽培历史和踏青赏花的民间传统习俗。云南樱花，又名苦樱桃，是云南较为常见的景观树种。圆通山上种植的是重瓣云南樱花，花期为 2~3 月，花呈深粉红色，盛开时花色艳丽，花团锦簇，是国内盛开最早、花势丰硕、景观绚丽的云南樱花林。1936 年，数株日本樱花种植到园林主景区，形成众多游客步行往来频繁的樱花大道。如今，樱花大道南北宽约 100 米，东西长 200 余米，占地面积达 18000 平方米；同时，与公园的垂丝海棠花道，以及花道两旁枝条聚拢形成拱形天棚左右相依，初春时节，樱花与海棠竞相开放，颇为壮观，形成“昆明十六景”之一的“圆通樱潮”景观。

福建漳平永福樱花园

永福樱花园位于福建省龙岩市漳平，主要分布在永福镇后盂村的茶园和李庄村的台缘山庄。永福镇的山地气候与台湾著名茶叶产区、旅游景区阿里山相近，非常适宜种植台湾高山茶，很多台商来永福投资种茶，这里的山也被誉为“大陆阿里山”。2005 年前后，台品、九德等多家茶场在开发茶园时就分别套种了数千株樱花，用以改善茶园生态，如今这里有 10 万株樱花盛开在 5 万亩的茶园内，形成了十里茶道和千亩樱园相结合的靓丽风景。

永福樱花园有“中国最美樱花圣地”之称，樱花品种主要有中国红、绯寒樱、云南樱、染井吉野、牡丹樱、福建山樱等，品种多达 42 个，花期在每年 1 月下旬到 3 月中旬。樱花时节，翠绿与粉色交织，茶香与花香相融，吸引了大量的游客前来观赏，让游客仿佛置身于仙境之中。自 2012 年举办首届樱花节以来，到永福赏樱的游客逐年递增，2019 年，以台品樱花茶园为核心景区的台湾农民创业园区共接待游客近 100 万人次，带动旅游收入近 3 亿元。

重庆市南山植物园

重庆市南山植物园是国家AAAA级景区，占地面积551万平方米，与重庆市中心隔江相望，距市中心仅15公里，是距离重庆市中心最近的景区。南山植物园是以收集中国亚热带低山植物种质资源，并以观赏植物专类园为中心，进行植物收集、栽培保存、科普研究和园林艺术景观展示为一体的低山类观赏植物园，其中蔷薇园是建园最早的专类园，占地176亩，大量种植樱花、海棠花、桃花、梅花等，形成了“群芳吐蕊，花团锦簇”的胜景，历来为山城人民所喜爱，春来上南山赏花（特别是樱花）已经成为市民的习惯，花如海，人如潮，蔚为壮观。

四川成都漫花庄园

漫花庄园景区位于四川省成都市新都区，总占地400余亩，以“乐享花生活”为主题，有能量花塔、九曲花海、牡丹园、玫瑰园等20多个特色景点，开园至今接待游客超千万人次，是成都近郊特色鲜明、功能复合、形态鲜明、规模较大的休闲赏花目的地。作为以樱花为IP的鲜花王国，漫花庄园引入国内外各地的樱花，2月中旬，樱花谷一片红粉海洋，花团锦簇，满园花醉千万客，樱花小径，绯红云霞，盛妆而来，处处花香客尽欢；3月初，情深意长的白色樱花纯洁如雪，乱花迷人眼，黑白相间的阶梯敲响醉人的乐章，樱缘路百米，落樱飞花，染井舞动出漫画里的樱花海。幽幽淡香，含蓄淡雅，风随花落，烂漫枝头，以樱花为主题打造的数十个景点以鲜明的特色吸引广大游客，漫花庄园是蓉城潮人的“打卡”胜地。

湖南省植物园

湖南省植物园位于长沙市，园内有樱花园、木兰园、荫生植物珍稀植物园、杜鹃园、竹园、茶花园、桂花园、彩叶植物园等十数个植物专类园。樱花栽植区域约 800 亩，主要分布在三湘景园、樱花大道、樱花湖周边以及樱花种质资源圃，其中核心景区樱花湖及其周边 150 亩收集、保存了云南樱花、垂枝樱、华中樱等早樱和晚樱品种 80 余种，是国内品种最多的樱花品种园之一，其中 2000 余株染井吉野定植于 1985 年的建园之初，大部分已蔚然成林。樱花园正中拥有樱花湖，环湖种植十余种不同的樱花树，每年樱花盛开季节，清澈湖水将湖边盛开如雪花般的樱花映照得如玉树琼花，湖面波光粼粼，樱花湖畔游人如织，满树繁华渲染春之浪漫。2006 年开始，植物园利用独特的樱花资源，开始举办湖南樱花节；每年 3 月樱花节期间，满园春色美不胜收，园内游人如织。樱花节已经成为湖南及其周边地区具有较大影响力的活动。

湖北武汉大学

武汉大学位于湖北省武汉市武昌东湖之滨，坐拥珞珈山。1972 年，中日邦交正常化。1973 年，日方赠送给周恩来总理 1000 株樱花，由于周恩来曾住在珞珈山从事抗日救亡活动，于是将部分樱花转赠武大。改革开放以来，武汉大学科研人员分别从日本及国内各地引种各类樱花 20 余种，数量 800 余株，樱花成为校园最具特色的植物景观。樱园区域面积为 3.2 万平方米，樱园里雪白樱花与苍松翠柏和高大的银杏相映成辉，特别是以老斋舍这一古典式建筑群为背景，更显出樱花的淡雅。除染井吉野外，还有八重垂枝、高盆樱花、钟樱花、阳光、大渔樱、大寒、迎春樱、椿寒樱、大岛、岩樱和日本晚樱关山 、郁金、一叶、松月、普贤象等，它们遍布于樱花大道及鲲鹏广场、人文科学馆、行政大楼等多处。20 世纪 80 年代初期，樱花引起社会关注，武汉大学樱花成为江城一绝，春天樱花花季之时，每天都有数以万计的游客自全国各地而来赏樱，产生了巨大的社会效应。

湖北武汉东湖樱花园

武汉东湖樱花园位于国家级 AAAAA 景区东湖磨山景区南麓，占地 520 亩，是以樱花为主并具有中国风特色的樱花专类园，园内种植的第一批樱花由邓颖超转赠武汉东湖。现有樱花树万余株，品种 80 余个，有寒绯樱、飞寒樱、染井吉野、垂枝樱等樱花品种，还有郁金和御衣黄、鸭樱、千里香、变大岛、十月樱等一批新优品种。武汉东湖樱花园将优雅的中国园林风格与厚重的日式建筑风格合为一体，环境优美，景色宜人。近几年，东湖樱花园陆续新建唐代建筑“曲院樱艳”，新建中式门楼，扩建赏樱新区，打造梦幻花境、浔樱花涧、欢乐长廊、杉林梦境等景点。夜赏樱花也是东湖樱花园的一大特色；水杉林中“萤火虫”飞舞，樱花大道上樱花随人们的脚步绽放，五重塔上光影秀诉说着樱花的浪漫情愫等，同时整个园区新增诸多“声、光、电、水、火、雾”等特殊效果，夜赏樱花活动已发展成为国内颇有美誉度，享有盛名的夜游品牌。

江苏南京玄武湖

玄武湖景区位于江苏省南京市市中心，东枕钟山，西靠明城墙，被誉为“金陵明珠”，也是仅存的江南皇家园林。景区樱花总量约4300株，共有樱桃、钟花樱、椿寒樱、大渔樱、阳光樱、垂枝樱、染井吉野、奖章樱、郁金樱、白妙、松月、普贤象等早、中、晚樱近40个品种。主要观赏区域在樱洲樱花品种园和环湖路樱花观赏带。樱花品种园位于景区樱洲，面积约6万平方米，自明清以来，樱洲遍植樱桃，后不断引进品种樱花，打造品类丰富、色彩多样、观赏期长的樱花观赏园，整个春天都可观赏到不同品种的樱花盛放，灿若云霞，有樱洲花海美誉；2018年在景区解放门—玄武门沿线栽植了以染井吉野、河津樱为主的樱花，与城墙外鸡鸣寺樱花相呼应，给游客以沉浸式的赏樱体验。百花闹春樱花季每年吸引众多游客前来观赏，每日游客量最高逾十万人次。

上海植物园

上海植物园始建于1974年，现有面积81.8万平方米，是一家以迁地保护、科学研究、园艺展示、科普教育和休闲游憩为主的综合性植物园。上海植物园早在20世纪70年代初，就获日本横滨市赠送的东京樱花，目前，共收集有华中樱、大渔樱、河津樱等90个品种，数量600余株，樱花赏玩面积1.5万平方米。

多年来，上海植物园秉承中国传统园林风格，建成了“一园多景”的樱花景观布局，打造了“福樱满堂”“镜花印月”“栈桥花影”“一帘晨曦”等多个樱花景点。“福樱满堂”为一株1973年来自日本的东京樱花，树大花满，是该园内最老、最美的樱花树；“栈桥花影”景则是沿蔷薇园河岸布置的，可持续观赏到最早的寒樱、花香浓郁的初美人樱、花枝下垂飘逸的红枝垂樱和漫天的东京樱花；位于水杉大道河岸的“镜花映月”除了能在春天欣赏东京樱花，还可以在秋冬欣赏到十月樱和子福樱；温室南广场前的“一帘晨曦”，则利用了东京樱花老树花枝自然下垂的特点，形成一幕花帘，美不胜收。

上海辰山植物园

上海辰山植物园位于上海市松江区佘山，是集科研、科普和观赏游览于一体的综合性植物园。辰山植物园的樱花园面积约5.8万平方米，主要以樱花类和观赏樱桃类为展示品种，共80余种樱花，主要来源地为中国和日本。开园后新建的河津樱大道和染井吉野大道是一道靓丽的春季风景线，更是上海市民赏樱的胜地。每到春季盛放时节，园内满树烂漫、花繁艳丽、如云似霞、极为壮观，观赏效果极佳，吸引众多游客漫步其间，流连忘返。

上海顾村公园

顾村公园是上海城区内较大的城市郊野森林公园，公园创建“春赏樱”“夏赏荷”“秋赏桂”“冬赏梅”的品牌景观，特别以“上海樱花节”为主要特色花展，每年春季都会吸引百万以上的游客前来踏青赏樱，在上海乃至长三角具有一定影响力。顾村公园樱花园种植的樱花规格较大，长势旺盛，品种达120余种，花期长达2个月。有粉色、玫红的河津樱、飞寒樱等早樱，还有以红、粉、黄、绿色系的晚樱重瓣品种等。公园赏樱景点主要分布在樱花大道、悦林大道沿线，有梅樱林、樱花林、小樱广场、垂樱林、樱花园、阳光林、松月林、早樱林、醉春林、胭脂林、兰兰广场、晚樱林、飞寒隧道以及曙光路等主要赏樱景点。

河南郑州古柏渡丰乐樱花园

古柏渡丰乐樱花园位于河南省郑州市荥阳市南水北调穿黄口区域，为国家AAAA级旅游景区，始建于2001年，樱花园面积5000亩，共有樱花品种80余个，12万余株。园区以樱花观赏为主题，规划设计樱花景点，分为“友、爱、颐、雅”四个园区，运用不同的花期及性状差异配植樱花，配以完善的服务设施，打造集旅游观赏、休闲娱乐为一体，规模宏大、品种繁多、景观精致的樱花文化主题公园。主要樱花品种有河津樱、寒绯樱、粉红佳人樱、阳光樱、染井吉野、御车返、郁金、松月、普贤象、关山樱等，其中染井吉野种植面积最大，为景区最主要的赏樱品种。主要赏樱景点有早樱园、中樱园、晚樱园。樱花季游客规模日均1万人次，最高峰单日可达8万人次。

北京市玉渊潭公园

北京市玉渊潭公园面积 132.38 万平方米，水域面积 59.72 万平方米，位居京城三环内，历史悠久、水阔林丰。早在 1973 年，公园西北角栽种了 180 株来自日本北海道的大山樱树苗，这些象征中日友好的樱树在 20 世纪 80 年代花开烂漫，渐为人知。1990 年前后，建成了占地 25 万平方米的樱花园，目前有 30 余个品种，近 3 千株樱花遍布全园。

玉渊潭公园率先应用了染井吉野、杭州早樱、江户彼岸、大山樱等特色品种樱花，形成樱棠春晓、在水一方等多个赏樱景点，樱花种植也从樱花园逐步扩展到全园。每年春天，樱花盛开如云似霞，或花团锦簇，数十万游客纷至沓来。从 1989 年以来，连续几十年的踏春赏樱活动，促使玉渊潭京城著名赏樱胜地的品牌更加知名。每年报春早樱的初绽拉开了樱花节的序幕，染井吉野如云似雪的怒放是樱花节的高潮，节日活动与观赏热点迭起。樱花节从 1989 年始办，连续不断的文化活动、景区建设升级和网红产品打造，让接待量、活动收入和知名度屡创新高。2023 年全票种预约限流，日均接待 4.5 万人，也让繁华浪漫的樱花景致更舒适入画。

山东青岛中山公园

中山公园建于 20 世纪初，占地 75 万平方米，樱花历史悠久，远近闻名，是岛城最具特色、久负盛名的景观。南起公园南门，北至动物园，全长 660 米的中山公园樱花路也成了游客“打卡”观光的胜地。中山公园有单瓣类樱花 2 种，分别是阳光樱和染井吉野；重瓣类樱花为日本晚樱的 8 个，分别为普贤象、郁金、一叶、松前红绯衣、关山、白妙、八重红大岛、松月。中山公园“樱花会”活动在全国有非常广泛的影响，已有百余年的历史。在花会期间举办各种展览、杂技、艺术演出等娱乐活动，现在主要的赏樱地点为樱花路、双樱路、赏樱园等。主要的赏樱时间约在 4 月 1 日至 5 月 3 日，游客量共有约 400 万人次，单日最高峰一般在染井吉野开放的周末，每天的入园人数达到 30 多万人次。

辽宁大连旅顺樱花园

旅顺樱花园位于辽宁省大连市旅顺口区，面积12万平方米，共计国内外30余个品种，数量6000余株，是目前东北地区面积最大，樱花树最多、品种最全的樱花园。园内的樱花多以中国樱、早樱、八重樱、山樱为主，另有白妙、郁金、红叶樱、垂枝樱、牡丹樱等珍稀品种，还有红梅、绿萼等数百余株梅花树，景区的各个角落随处可见玉兰、牡丹、芍药、迎春和芝樱等花卉，犹如“一个灿烂的春天”。旅顺樱花园是每年一度的中国大连（旅顺）国际樱花节主会场、全国樱花景区联盟成员及国内赏樱胜地之一。

中国樱花景区联盟

The China cherry blossom scenic alliance

2017年无锡太湖鼋头渚风景区倡议成立“中国樱花景区联盟”，加大樱花资源共享，加深樱花文化传播，加快国内樱花旅游发展，共同打造“中华樱花景区”大品牌。

参考文献

蒋杰贤，严巍 . 城市绿地有害生物预警及控制 [M]. 上海 : 上海科学技术出版社，2007.
张艳芳 . 樱花欣赏栽培 175 问 [M]. 北京 : 中国农业出版社，2010.
刘启新 . 江苏植物志（第三卷）[M]. 江苏 : 凤凰科学技术出版社，2012.
常荣初 . 无锡园林志 [M]. 南京 : 凤凰出版社，2013.
王贤荣 . 中国樱花品种图志 [M]. 浙江 : 科学出版社，2014.
王青华，柳新红，徐梁 . 中国主要栽培樱花品种图鉴 [M]. 杭州 : 浙江科学技术出版社，2015.
邬秉左 . 鼋渚绿植 [M]. 苏州 : 古吴轩出版社，2016.
袁冬明，严春风，赵绮 . 樱花 [M]. 北京 : 中国农业科学技术出版社，2018.
朱震峻 . 中国无锡当代名花园林 [M]. 北京 : 中国建筑工业出版社，2018.
吴时英，徐颖 . 城市森林病虫害图鉴（第二版）[M]. 上海 : 上海科学技术出版社，2019.
许晓波 . 玉渊樱话 [M]. 北京 : 化学工业出版社，2019.
严春风 . 樱花应用指南 [M]. 北京 : 中国农业科学技术出版社，2020.

王锡民 . 无锡樱花品种初查报告 [J]. 无锡园林，1986，第四期 .
邬秉左 . 樱花常见种、品种及其管理要点 [J]. 中国花卉盆景，1999，(05）:12—13+57.
邬文祥，邬秉左 . 樱花类植物值得进一步开发利用 [J]. 花木盆景，2001（4）:48—49.
邬秉左，陈金林 . 无锡地区樱花类植物的引种及应用研究 [J]. 江苏林业科技，2004，(01）:19—22.
王贤荣、孙美萍、时玉娣，等 . 无锡樱花种与品种资源分类研究 [J]. 南京林业大学学报（自然科学版），2007，(06）: 21—24.
朱继军，陈必胜，黄梅，等 . 上海地区樱花栽培养护技术 [J]. 现代园艺，2014，(01）:37—39.
刘炤，李丽，虞莉霞，等 . 上海地区樱花养护技术常见问题及对策 [J]. 现代园艺，2022，45（09）:71—74.

后记

岁月有春秋冬夏，草木有荣发枯朽。大自然的一花一叶跟随季节不断变化，而人们对美的追求却亘古不变。

在一代代文旅园林人的科学规划与不懈努力下，在各界人士的广泛参与和支持下，无锡逐渐建成樱花与城市深度融合的全域景观效果，努力打造中国赏樱名城的城市品牌形象。樱花在无锡园林及城市景观中扮演着重要的角色，已成为无锡这座山水城市的一大亮点，不但为城市增添了美丽的色彩，同时也为文旅产业注入了持续发展的活力。

融美景于画，叙衷情以文，集芳华以为册，传佳话以为书。出于对无锡樱花栽培与鉴赏文化的责任感与使命感，我们编写了这本关于无锡樱花的图书，本书图文并茂，梳理了无锡樱花的前世今生，总结了无锡樱花的培育应用，希望本书能为无锡樱花的美好景象留一份纪念。在书中，我们依次详细介绍了无锡常见樱花品种、无锡樱花简史、无锡樱花栽培技术、樱花在无锡城市园林绿化中的应用、樱花文化鉴赏，以及无锡太湖鼋头渚山水樱花、无锡太湖鼋头渚樱花交流与花事活动等。同时，我们也对国内其他著名赏樱胜地进行了简要介绍。回顾本书的编写出版，我们衷心感谢所有为无锡樱花的应用和发展付出辛勤努力的人们，感谢对本书给予帮助指导的专家领导，感谢为本书编写出版提供资料和图片的单位和个人。

樱海浩瀚，春景当惜。无锡樱花的发展之路依然任重道远。在未来的日子里，我们必将继续致力于樱花的推广与发展，使樱花文化在无锡绽放得更为绚丽。

让我们共同见证无锡樱花的美丽传奇，共同期待无锡山水城市梦想的绚烂明天！

编者

二〇二四年三月